稻渔综合种养新模式新技术系列丛书

全国水产技术推广总站 ◎ 组编

稻青虾综合种养技术模式与案例

丁雪燕 孟庆辉 ◎ 主编

U0239237

中国农业出版社

北 京

图书在版编目（CIP）数据

稻青虾综合种养技术模式与案例/丁雪燕，孟庆辉主编；全国水产技术推广总站组编．—北京：中国农业出版社，2018.6

（稻渔综合种养新模式新技术系列丛书）

ISBN 978-7-109-24241-8

Ⅰ.①稻…　Ⅱ.①丁…　②孟…　③全…　Ⅲ.①稻田—日本沼虾—淡水养殖　Ⅳ.①S966.12

中国版本图书馆 CIP 数据核字（2018）第 129795 号

中国农业出版社出版

（北京市朝阳区麦子店街 18 号楼）

（邮政编码 100125）

策划编辑　郑　珂

责任编辑　王金环

北京通州皇家印刷厂印刷　　新华书店北京发行所发行

2018 年 6 月第 1 版　　2018 年 6 月北京第 1 次印刷

开本：880mm×1230mm 1/32　　印张：2.5　　插页：2

字数：59 千字

定价：18.00 元

（凡本版图书出现印刷、装订错误，请向出版社发行部调换）

稻渔综合种养新模式新技术系列丛书

丛书编委会

顾　问　桂建芳

主　编　肖　放

副主编　刘忠松　朱泽闻

编　委　（按姓名笔画排序）

丁雪燕　马达文　王祖峰　王　浩　邓红兵
占家智　田树魁　白志毅　成永旭　刘　亚
刘学光　杜　军　李可心　李嘉尧　何中央
张海琪　陈　欣　金千瑜　周　剑　郑怀东
郑　珂　孟庆辉　赵文武　奚业文　唐建军
蒋　军

稻渔综合种养新模式新技术系列丛书

本书编委会

主　编　丁雪燕　孟庆辉

副主编　戚正梁　陈　凡　徐卫国

编　著　(按姓名笔画排序)

丁雪燕（浙江省水产技术推广总站）
贝亦江（浙江省水产技术推广总站）
吴洪喜（浙江省水产技术推广总站）
陈　凡（杭州市水产技术推广总站）
周　凡（浙江省水产技术推广总站）
孟庆辉（浙江省水产技术推广总站）
徐力可（绍兴市水产技术推广站）
徐卫国（嘉兴市水产技术推广总站）
奚业文（安徽省水产技术推广总站）
戚正梁（绍兴市水产技术推广站）

丛书序

21世纪以来，为解决农民种植水稻积极性不高以及水产养殖病害突出、养殖水域发展空间受限等问题，在农业农村部渔业渔政管理局和科技教育司的大力支持下，全国水产技术推广总站积极探索水产养殖与水稻种植融合发展的生态循环农业新模式，农药化肥、渔药饲料使用大幅减少，取得了水稻稳产、促渔增收的良好效果。在全国水产技术推广总站的带动下，相关地区和部门的政府、企业、科研院校及推广单位积极加入稻渔综合种养试验示范，随着技术集成水平不断提高，逐步形成了“以渔促稻、稳粮增效、质量安全、生态环保”的稻渔综合种养新模式。目前，已集成稻-蟹、稻-虾、稻-鳖、稻-鲤、稻-鳅五大类19种典型模式，以及20多项配套关键技术，在全国适宜省份建立核心示范区6.6万公顷，辐射带动133.3万公顷。稻渔综合种养作为一种具有稳粮促渔、提质增效、生态环保等多种功能的现代生态循环农业绿色发展新模式，得到各方认可，在全国掀起了“比学赶超”的热潮。

“十三五”以来，稻渔综合种养发展进入快速发展的战略机遇期。首先，从政策环境看，稻渔综合种养完全符合党的十九大报告提出的建设美丽中国、实施乡村振兴战略的大政方针，以及农业供给侧改革提出的“藏粮于地、藏粮于技”战略的有关要求。《全国农业可持续发展规划（2015—2030年）》等均明确支持稻渔综合种养发展，稻渔综合种养的政策保障更有力、发展条件更优。其次，从市场需求看，随着我国城市化步伐加快，具有消费潜力的群体不断壮大，对绿色优质农产品的需求将持续增大。最后，从资源条件看，我国适宜发展综合种养的水网稻田和冬闲稻田面积据估算有600万公顷以上，具有极大的发展潜力。因此可以预见，稻渔综合种养将进入快速规范发展和大有可为的新阶段。

为推动全国稻渔综合种养规范健康发展，推动2018年1月1日正式实施的水产行业标准《稻渔综合种养技术规范　通则》的宣贯落实，全国水产技术推广总站与中国农业出版社共同策划，组织专家编写了这套《稻渔综合种养新模式新技术系列丛书》。丛书以“稳粮、促渔、增效、安全、生态、可持续”为基本理念，以稻渔综合种养产业化配套关键技术和典型模式为重点，力争全面总结近年来稻田综合种养技术集成与示范推广成果，通过理论介绍、数据分析、良法推荐、案例展示等多种方式，全面展示稻田综合种养新模式和新技术。

这套丛书具有以下几个特点：①**作者权威，指导性强**。从全国遴选了稻渔综合种养技术推广领域的资深专家主笔，指导性、示范性强。②**兼顾差异，适用面广**。丛书在介绍共性知识之外，精选了全国各地的技术模式案例，可满足不同地区的差异化需求。③**图文并茂，实用性强**。丛书编写辅以大量原创图片，以便于读者的阅读和吸收，真正做到让渔农民“看得懂、用得上”。相信这套丛书的出版，将为稻渔综合种养实现“稳粮增收、渔稻互促、绿色生态”的发展目标，并作为产业精准扶贫的有效手段，为我国脱贫攻坚事业做出应有贡献。

这套丛书的出版，可供从事稻田综合种养的技术人员、管理人员、种养户及新型经营主体等参考借鉴。衷心祝贺丛书的顺利出版！

中国科学院院士 

2018年4月

经过多年发展，我国水产养殖业取得了突出成就，水产养殖产量持续位居世界首位。据统计，2016年我国淡水池塘养殖面积达到276.3万公顷，水产品产量达2 286.3万吨，占淡水养殖总产量的71.93%。淡水虾蟹类是我国淡水养殖的重要组成部分。青虾俗称河虾，学名*Macrobrachium nipponense*，中文名日本沼虾，是我国本土品种，也是重要的淡水养殖名优品种。2016年我国有23个省份进行青虾养殖，年养殖总产量27.3万吨。青虾味道鲜美、营养丰富，深受广大消费者喜爱。青虾养殖具有投资少、风险小、周期短、见效快、经济效益高等优点，养殖方式灵活，可全年上市，在我国发展出了多种养殖模式。

目前，我国水产养殖业正处于转型升级的重要发展机遇期。主要体现在：政策制度对发展现代水产养殖业的条件更加有利；环境问题对发展现代水产养殖业的要求更加迫切；体系条件使得发展现代水产养殖业的基础更加坚实；信息化促使发展现代水产养殖业的机遇更加广阔。但同时，我国水产养殖业发展也面临着诸多挑战。主要体现在：一是社会发展带来的资源短缺问题；二是经济发展带来的环境和资源保护问题；三是水产品质量安全问题；四是科技支撑不足、理论研究薄弱等导致的技术发展瓶颈；五是养殖设施和配套不足导致的规模化、机械化、生态化程度不高等生产方式问题。

稻青虾综合种养模式充分利用稻田水、肥、饵等条件，通过适当的池塘或田间工程，使之既能适应青虾的养殖基础条件，又能适应稻谷的生长条件。该模式主要包括稻田养青虾、青虾塘种稻两种，按照种养结合的方式可以分为以虾为主或以稻为主的稻青虾共作、稻青虾轮作以及由此延伸拓展的“稻＋虾＋蟹”“稻＋虾＋鱼”等模式。稻青虾综合种养通过充分利用稻田的天然饵料生物、栖息环境、青虾排泄物以及病害的生物防治等，达到增产增收、种养互利的生态效果，大大提高稻田和池塘的投入产出比，是一种生态、高质、高效的现代水产养殖模式。

本书以稻青虾综合种养技术的背景意义、历程现状、资源条件、种养技术、模式案例等为主要内容，系统地介绍了稻青虾综合种养技术，供广大水产科技工作者和养殖户参考，希望能对广大读者有所帮助。

由于编者水平有限，时间仓促，疏漏或者错误之处在所难免，恳请广大读者批评指正。

编　者

2018年5月

目 录

第一章 稻青虾综合种养概述

第一节 稻青虾综合种养的发展背景

渔业是环境资源约束性产业。近年来，随着我国社会、经济的持续发展和工业化、城镇化的快速推进，现代渔业建设面临着空间被压缩、外部水域生态环境持续恶化等问题。如何克服各种不利影响，使现代渔业与当地经济社会协调发展，促进渔业可持续发展和渔民增收已迫在眉睫。作为一种可持续发展的生态渔业生产模式，稻渔综合种养根据互利共生原理把两种不同的生物场所合并在一起，不仅可以使原有的稻田生态向更加有利的方向转化，而且能充分利用人工新建的生态系统，使生物之间发挥共生互利的作用。对于环境与资源约束趋紧的当今渔业而言，稻渔综合种养的发展和壮大具有重要意义。

我国的稻渔综合种养历史悠久，可以追溯到 1 700 年前的三国时期。《魏武四时食制》中记载："郫县子鱼，黄鳞赤尾，出稻田，可以为酱。"在浙江青田、云南红河州和贵州从江侗乡这三处"全球重要农业文化遗产"保护试点，都可以看到稻鱼共生的生态图景。浙江青田的稻田养鱼被联合国粮食及农业组织列入首批四个"全球重要农业文化遗产保护项目"之一得到保护。1981年，我国倪达书研究员就提出了稻田养鱼的理论，随后该理论体系不断发展完善。2011 年浙江大学研究团队在国际权威学术期刊《美国国家科学院院刊》（*Proceedings of the National Academy of Sciences of the United States of America*）首次揭示了物种间的正相互作用及资源的互补利用是稻鱼共生系统可持续的重要生态学机制，国际顶级学术期刊《自然》（*Nature*）对该研究报道进行了转载。

目前，以石油农业为代表的现代农业将现代科学技术强行植入农田生态系统，取得了高效产出，但打破了传统农业的生态平衡，造成严重的生态后果，使得人们不得不重新考虑传统农业的价值。传统农业的天人合一思想、多样复杂的系统结构、能量的内部循环等，对发展循环经济型生态农业具有十分重要的借鉴意义。因此，联合国粮食及农业组织鼓励发展稻田综合种养，突出强调稻田养殖水生动物和家禽的能力，以经济和环境可持续的方式强化稻米生产，缓解土地和水资源面临的严重威胁，保障粮食安全。

青虾是我国传统的水产养殖品种。20 世纪 60 年代之前，我国商品青虾主要依靠自然资源捕捞，产量低，不稳定。60 年代中期，浙江、江苏等地开始着手青虾生物学研究，并开展青虾养殖试验。70 年代末到 80 年代初，我国青虾养殖形成一定的规模，但技术水平还不高，产量低，主要以低成本套养的方式进行养殖。80 年代末到 90 年代，由于捕捞强度大以及水域污染的影响，天然青虾资源量急剧萎缩，成虾市场价格大幅上涨，青虾逐渐成为名特优品种和调整养殖结构的重点品种，青虾养殖开始进入发展盛期。从 90 年代开始，青虾养殖技术、规模、单位面积产量等指标都有了大幅度的提升，青虾养殖业一改原来混养、套养模式，出现了主养模式。在养殖水体上，由原来的池塘发展到稻田、网箱、河道、滩荡等。在养殖品种搭配上，原来池塘的常规鱼套养到池塘青虾双季主养、青虾与河蟹混养、青虾与名特优鱼类混养、青虾与其他虾类混养等多种混养方式。在青虾饵料选择上，颗粒饲料已经大范围推广，单产也由原来的每 667 米^{2}40 千克左右提高到了 100 千克左右。

目前，青虾的养殖正在向高产、高效、高品质、生态环保的方向发展。养殖技术与环境相结合、经济效益与生态效益相协调成为青虾养殖的新方向。稻青虾综合种养技术通过时间差和空间差，充分利用阳光、气温、溶氧、饵料、肥料等资源，发挥立体种养的优势，提高土地资源的转化效率和产量、产值，是一种立足传统又融合现代养殖理念的优良的水产养殖方式。

第二节 稻青虾综合种养的内涵及特征

一、稻青虾综合种养的内涵

稻青虾综合种养技术区别于以往单纯种植水稻和淡水水面养殖青虾或套养青虾等养殖方式，是将农业水稻种植和水产业的养殖有机结合起来的一种综合生产方式，根据生产目的的不同可以分为以稻为主和以虾为主的综合种养技术模式。

（一）以稻为主的综合种养模式

根据操作方式可以分为“稻青虾轮作模式”和“稻青虾共作模式”。

“稻青虾轮作模式”是指利用同一农田，在不同季节分别进行水稻种植和青虾养殖，即一年之内只种一季稻（为保障青虾养殖生产周期，通常以早稻种植为主），余时灌水养虾。该模式是利用冬闲田，在水稻收获后再进行青虾养殖生产。

“稻青虾共作模式”是指利用同一农田，在同一季节同时进行水稻种植和青虾养殖，即一年之内种一季稻，并同时在年初或年中放养一茬或两茬青虾。充分利用稻田养殖青虾的同时，种植一季水稻以吸收养殖过程中的残饵和青虾排泄物中含有的富营养化元素，从而改善养殖环境、稳定水质。

（二）以青虾为主的综合种养模式

该模式是指在青虾养殖池塘中同时进行芦苇稻等适合池塘种养的稻米品种的种植，利用水稻替代水草，有效地促进池塘内物质能量的循环和利用，充分利用水稻生长为青虾养殖提供栖息环境，净化养殖用水，增加水稻种植和青虾养殖综合效益。

二、稻青虾综合种养的特征

稻青虾综合种养技术将传统的分属于种植业、养殖业的两个不同的技术模式——水稻种植与青虾养殖技术模式有机结合在一起，通过对稻田或青虾池塘实施田间工程改造，构建稻青虾共作轮作互促系统，使农田一年一作单季稻模式改制成虾稻（或稻虾）两作或三作的新型模式，是一种复合农业生产系统。该系统基于生态循环农业和生态经济学原理，一方面，通过水稻种植“吸肥去污”，吸收养殖过程中因残饵和青虾排泄物产生的留存在土壤中多余的氮、磷等富营养化元素，为青虾养殖阶段提供清洁的底质和环境条件，解决青虾常年养殖造成的底质败坏、水质难调控、易老化等问题，以利于养殖期间水体环境改善、水质稳定，促进养殖产品品质的提升；另一方面，通过青虾养殖“增肥沃土”（轮作）或“松土增肥”（共作），为水稻种植阶段提供富含氮、磷等营养元素的有机粪肥和肥沃的土壤条件，减少化肥用量，解决水稻长期种植造成的农田肥力衰退、土壤贫瘠以及长期过量使用化肥导致的土壤性状恶化、产品品质下降、农业面源污染等问题，以利于种植期间地力的提升、生态环境的改善，并可免耕节本。此外，水稻种植阶段的搁田曝晒，不利于青虾病虫害的生存和繁衍；青虾养殖阶段灌水漫田，同样不利于水稻病虫害的生存和繁衍。因此，稻青虾轮作使得农田环境交替变化，有助于抑制、杀灭引发水稻疾病的植物病虫害和青虾疾病的水生生物病虫害，减少种植阶段农药的使用量和养殖阶段渔药的使用量，减少种植和养殖面源污染，改善生态环境，节约生产成本，有效提升稻米和青虾的产量和品质，提高经济效益，促进农民增收。综上所述，稻青虾综合种养是一种具有稳粮、促渔、提质、增效、生态等多种功效的水产养殖业发展新模式。

第三节 稻青虾综合种养的发展意义

随着现代经济社会发展，我国农业和农村形势都发生了深刻的变化，农产品价格低，环境资源压力大，农业增收困难等问题更加突出。如何突破资源环境约束，适应新时期经济社会可持续发展，实现农业发展、农民增收是我国当前面临的一个重要问题。稻青虾综合种养作为稻渔综合种养模式中的一种，能够结合种养两种农业生产方式，生态环保，实现一水双用，一田双收，既可以实现稳粮，又能实现增收，对促进农业调结构转方式具有重要的意义。

一、发展稻青虾综合种养是促进水稻稳量增收的有效手段

水稻是我国主要的粮食作物，全国种植面积约 0.3 亿公顷，年产量近 2 亿吨，约占粮食总产量的 35%，全国约有 65%的人口以稻米为主食。但是单一种植水稻效益较低，据统计平均每 667 米^2 纯收益不足 200 元，严重影响农民的种植积极性。虾蟹类等特种水产养殖能够大幅提升稻田综合效益，实现以渔促稻。特别是农药化肥使用的减少，显著提高了渔稻产品的品质。绿色优质稻米价格可以提升到普通稻米价格的 5～10 倍，能够极大地调动农民生产积极性。此外，虾塘种稻对增加粮食生产，有更加积极的贡献。因此，稻青虾综合种养对增加水稻种植面积、保持水稻产量、提升水产品和农产品品质、促进农村发展农民增收等都有显著的促进作用。

二、稻青虾综合种养是渔业转方式、调结构的重要方面

“十三五”时期，我国渔业资源环境约束不断加剧，渔业发展

空间萎缩。一方面，工业化、城镇化的推进大量挤占传统渔业养殖水域；另一方面，生态环境政策约束更加趋紧，传统高污染养殖方式不断退出，保障水产品供应的任务十分艰巨。促进渔业转方式调结构，推动渔业转型升级迫在眉睫。发展稻青虾综合种养新模式既能够充分利用稻田在时间、空间上的缝隙，增加水产品供给，又能够通过池塘种稻拓展水稻种植面积，还能够充分利用有机生态互补功能提升产品品质、减少面源污染。据测算，发展133万公顷新型稻渔综合种养模式，每年可新增优质水产品100万吨以上，新增渔业产值500亿元以上。这对促进渔业转型升级有十分显著的促进作用。因此国家也将稻渔综合种养作为渔业转方式调结构的重要扶持方向。稻青虾综合种养作为主要模式之一，对促进渔业转方式、调结构具有重要意义。

三、发展稻青虾综合种养可为农业农村可持续发展提供支撑

农业生产区域是人工干预的生态系统，构建生态平衡的农业生产区域是农业可持续发展的基础。当前单一化的种植区域，生态系统脆弱，加上粗放生产、面源污染等因素，极易导致生态系统失衡。稻青虾综合种养在一定条件下是一种可复制、易推广的现代农业发展新模式。通过稻青虾共生循环系统，能够提高田地或池塘的能量和物质利用效率，减少农业面源污染和废水废物排放，降低病虫害发生的概率，能有效改善农村的生态环境，对我国农业农村的可持续发展具有重要的促进作用。

第四节　稻青虾综合种养的发展历程

稻青虾综合种养作为稻渔综合种养模式中的一种，是在我国传统稻田养鱼基础上，逐步发展起来的一种现代农业新模式。稻田养鱼的历史可以追溯到2 000多年前，但这种人放天养、自给自足的

粗放生产模式一直在我国东南、西南、华南等地区缓慢发展。中华人民共和国成立以后，稻田养鱼的内容也不断丰富，逐渐形成了稻渔综合种养的新模式，主要经历了以下几个发展阶段。

（1）恢复发展阶段　主要是中华人民共和国成立到20世纪70年代末。1954年，第四届全国水产工作会议号召在全国发展稻田养鱼。1958年，全国水产工作会议将稻田养鱼纳入了农业规划，推动了我国稻田养鱼的迅速发展。到1959年，我国稻田养鱼的面积就超过了66.67万公顷。这一阶段基本沿袭传统粗放养殖模式，养殖品种仅限于鲤、草鱼等品种为主，单产与效益不高。青虾的生产主要来自于天然资源，此时青虾的消费和养殖都未形成一定的规模。

（2）技术形成阶段　主要是从20世纪70年代末到90年代初。20世纪70年代末，我国稻鱼共生理论体系开始不断完善，1981年，中国科学院水生生物研究所倪达书研究员提出“稻鱼共生”理论，促进了稻田养鱼技术的深度发展。1984年全国开始在18个省（自治区、直辖市）推广。1987年稻田养鱼技术推广纳入了国家农牧渔业丰收计划和国家农业重点推广计划。农业部先后组织了5次全国稻田养鱼经验交流会和现场会。这一时期，稻田养鱼技术不断完善，发展到了投喂人工配合饲料，单产水平大幅度提高。到1994年，全国21个省（自治区、直辖市）发展稻田养鱼面积达到85万公顷，全国平均单产水平达到每667米^{2}产出水稻500千克、成鱼16.2千克。青虾品种虽然此时仍然以捕捞为主，但天然资源逐渐减少，开始出现小规模的青虾人工养殖，养殖方式主要是与其他鱼类等水产动物混养，技术水平和单产水平低下。

（3）快速发展阶段　主要是从20世纪90年代中期到21世纪初。这一阶段国家对稻田养鱼扶持力度进一步加大，1994年农业部印发了《关于加快发展稻田养鱼　促进粮食稳定增产和农民增收的意见》，促进了稻田养鱼的快速发展。养殖技术不断创新，单产水平也持续提高，“千斤稻，百斤鱼”已经形成一定规模。全国稻田养鱼成鱼单产水平达到每667米^{2}40千克。到2000年，我国稻田养鱼发展了133.33万公顷，为世界上稻田养鱼规模最大的国家。此时青虾的养殖业也同步经历了技术的快速发展，江苏、浙江等地青虾的人工养殖已经形成规模。青虾养殖技术趋于成熟，每667米^{2}产量基本可以保持50～60千克，养殖规模进一步扩大，青虾苗种繁育等方面的技术研究也开始展开。青虾养殖方法简单、成本低、苗种繁育容易，因而发展迅速，一度形成供大于求的局面。到21世纪初，青虾由于产量过剩，经济效益下降、养殖亏损，一些区域的青虾养殖面积有所减少，全国青虾养殖面积逐步稳定。

（4）转型升级阶段　主要是从21世纪初至今。党的十七大以后，随着我国农村土地流转政策不断明确，农业产业化步伐加快，稻田养鱼规模化经营成为可能。在综合粮食种植、水产养殖、经济效益、生态效益等多方面要求的基础上，我国探索出一大批以水稻为主或以水产品为主，以标准生产、规模化开发、产业化经营为特色的稻渔综合种养典型，取得了十分显著的经济、社会、生态效益，形成了“以渔促稻、稳量增效、质量安全、生态环保”的稻渔综合种养新模式。稻渔综合种养再次得到了各地政府的高度重视，掀起了新一轮的发展热潮。

作为稻渔综合种养一种重要模式，稻青虾综合种养逐步从起步到发展成熟，再到多种种养形式，融合池塘专养、常规鱼或虾蟹套养等方式，进入了新的发展阶段。以浙江省的稻青虾轮作综合种养模式为例，2005年原绍兴县富盛镇（现绍兴市越城区富盛镇）青虾养殖户，由种草养虾受到启发，尝试通过撒播稻种种植水稻，既为青虾栖息提供附着场所，增加立体空间，又可将稻谷作为青虾饲料，减少生产成本，提高经济效益，当年取得良好成效，成为稻虾共生轮作雏形。2006年稻虾轮作模式被列入浙江省农业技术推广基金会推广示范项目，并在随后几年得到进一步完善与推广，绍兴县成为全省稻虾轮作示范县。2007年，绍兴地区出现从水稻育秧到收获全程的社会化服务组织，稻青虾轮作综合种养模式出现规模化开发、标准化生产、产业化经营的局面，并得到进一步的推广。2009年，浙江大学原子核农业科学研究所针对水产养殖业和湿涝地的特殊场景，采用现代生物技术培育出的株型高大，株高可达180厘米，茎秆粗壮，叶片大而长，全程可生长于一米的深水之中高秆水稻品系——“渔稻”，并在浙江杭州、湖州、嘉兴等地组织了试种和示范性推广，取得了良好的经济效益和强烈的社会反响。养虾池塘种植水稻对改善传统淡水池塘养殖方式的养殖环境、提高水产品品质、减少病害发生、增加粮食产量等都具有重要的意义。

第五节　稻青虾综合种养发展现状

2016年，我国青虾养殖面积约33万公顷，包括单养和套养。青虾全年产量27.26万吨，主要集中在江苏、安徽、湖北、江西、浙江等五个省份，产量分别是：12.1万吨，5.3万吨，3.2万吨，2.9万吨，2.2万吨。其余地区产量较少。江苏省的兴化市、苏州市，浙江省的德清县、杭州市、嘉兴市，安徽省的五河县、芜湖县，湖北省的黄梅县以及河南省的光山县等地都是青虾产业发展比较集中的区域。

在青虾基础研究方面，目前青虾育种技术、遗传学研究、新品种和新品系选育开发、良种养殖关键技术、良种繁育体系等都有了一系列的成果和长足的进步，为青虾产业进一步发展提供了技术支撑。

青虾养成方式多种多样，目前有池塘主养、鱼虾混养、网箱养殖、稻田养殖青虾等几种方式。池塘主养有单季养殖、双季养殖、轮养等多种形式。

稻青虾综合种养按种养区域可分为稻田养虾、虾塘种稻两种模式；按种养结合的方式可分为稻虾共作、稻虾轮作、稻虾种轮作三种模式，并由此延伸拓展出“稻＋青虾＋蟹”“稻＋青虾＋鱼”等模式。

第六节　稻青虾综合种养模式的优势

稻青虾综合种养作为一种生态高效的立体复合式种养模式，能够提高土地和水资源的利用率，提高青虾产量、规格、品质，还能减少农药使用，提高稻米品质。这种优势互补的生态养殖模式能够促进食品安全、稳定和增加粮食供给。与传统单纯水稻种植和单纯青虾养殖相比，稻青虾综合种养模式存在以下特征：

一是突出了稳粮增收的目的。稻青虾综合种养模式的田间工程不破坏稻田耕作层，工程面积一般控制在稻田总面积的10%以内，水稻种植保持沟边加密穴数不减少，通过发挥边际效益，能够保证水稻稳产。

二是提升了稻米价值。稻青虾综合种养模式改善了稻田或池塘的土壤条件和生态环境，能有效减少水稻病虫害的发生，少用或免用化肥农药，改善稻米品质，大幅度提高稻米价格，使水稻效益和水产效益达到平衡，从而体现出水稻种植和水产养殖的双重价值，从机制上确保农民种植水稻和改善养殖环境的积极性，保障了“米袋子”安全，提升了水产品产量和品质。

三是拓展了种养殖空间。一方面，在现有基本农田保护政策下，随着工业化、城市化的推进，土地资源日趋紧张，耕地面积减少，粮食稳产增收压力增大；另一方面，池塘养殖规模日益缩减，而水域生态化的要求，又使湖泊、水库等水域的围栏养殖、网箱养殖逐步清退，水产养殖整体规模呈缩减趋势。稻青虾综合种养模式，不但拓展了水产养殖空间，也一定程度上可以稳定和增加稻米产量，而且有助于水产品品质的提升。

四是优化了种养生态。稻青虾综合种养模式使得农田和池塘环境交替变化，有助于抑制或消灭引发水稻疾病的植物病虫害和青虾疾病的水生生物病虫害，大幅度减少种养生产过程中化肥、农药、渔药的使用频次和用量，有效改善种养生态环境，促进有机生态农业发展。

五是增加了综合效益。稻青虾综合种养模式可以在同一农田上实现粮食和水产品的双丰收，且通过构建稻一虾互促系统，优化了稻田生态环境，为产品质量的提升奠定了基础，为绿色有机品牌的创建提供了保障，稳定了粮食生产，增加了农民收入，实现了社会、经济、生态效益融合提升。

第二章 稻青虾综合种养资源条件

第一节　稻田资源

据统计，全国约有稻田 0.3 亿公顷，2016 年全国稻渔综合种养面积约 151 万公顷，仅占稻田种植总面积的 5.1%。从 2005 年开始，农业部先后在 13 个省（区）建立 19 个稻渔综合种养示范点，示范面积 6.67 万公顷，辐射带动近 66.7 万公顷，示范效果增产增收十分明显，水稻每 667 $米^2$ 产量稳定在 500 千克以上，稻田增效接近 100.0%，农药使用量平均减少 51.7%，化肥使用量平均减少 50.0%。

在开发稻田资源的基础上，在一些地区，如低洼冷浸田区域、滩涂水域、传统水产养殖池塘等，可通过稻渔综合种养技术开发利用，相当于增加了传统水稻种植区域，对于粮食增产、水产增收都大有裨益。

因此稻渔综合种养可开发的空间资源十分丰富，发展前景十分可观。

第二节　品种资源

青虾由于生命周期短，自然繁殖周期次数少，在养殖过程中容易造成种质退化。而养殖青虾的重点在于生产大规格的成品虾。因此保护青虾生长环境、开展增殖放流活动、建立原种自然保护区等，对青虾种质资源的保存和保持具有重要的作用。

目前，养殖青虾的亲本来源主要有国家或地方青虾良种场引进的优质青虾，以及从江河、湖泊、沟渠等水质良好的水域捕捞而来的野生青虾。如青虾亲本来自原自然水域，应定期从不同水域引进更新亲虾，不在单一池塘或养殖小群体中选留亲虾，以避免近亲繁殖导致的种质退化。

中国水产科学研究院淡水渔业研究中心（以下简称淡水渔业研究中心）经过多年的攻关，利用海南沼虾生长快并与青虾同属近缘种的特性，培育出了性状优良的杂交青虾新品系“太湖 1 号”，在青虾养殖主要产区江苏、浙江、安徽等地获得了非常好的养殖推广效果。此外，淡水渔业研究中心还在“太湖 1 号”的基础上，进一步进行多代选育，并获得了性状稳定、抗逆能力强的新品系（还未申报新品种）。在青虾家系选育上，以太湖青虾、长江青虾等为基础群体，在生长、耐低氧等多性状聚合家系选育的过程中，也获得了一些性状提升的优良品系。

第三章 稻青虾轮作种养技术

第一节 环境条件

一、稻田选择

1. 产地环境

稻田应符合《无公害农产品　淡水养殖产地环境条件》（NY/T 5361—2016）标准和《无公害农产品　种植业产地环境条件》（NY/T 5010—2016）标准的规定，达到无公害水产品产地环境要求；周边无污染，交通方便，电力设施齐全。

2. 水源水质

水源充足，水质良好。

3. 稻田条件

稻田以集中连片、长方形、东西向为佳，阳光充沛；稻田所处位置要求灌排方便，无旱涝危害。稻田田埂、田底保水性能好，无渗漏水现象。

二、田间工程

1. 小田块模式

以 5 330～6 670 米^2 为一个田块，沿田埂四周开挖宽 1.5～2.0 米、深 0.3 米的蓄水环沟。开沟取出的田泥用来加高加宽田埂，使田埂高为 1.0 米，宽为 2.0 米，形成塘坝，使之可成为蓄水 0.6 米的池塘（从沟底起最大水位约 0.9 米）。田块应在主干道留收割机下田时的通道。

该模式下秧苗培育一般采用塑盘育秧、机插模式。

2. 大田块模式

以 13 340～20 000 米^2 为一个田块，沿田埂四周开挖宽 3.0～4.0 米、深 1.0～1.5 米的蓄水环沟。开沟取出的田泥用来加高加宽田埂，使田埂高达 1.0～1.5 米，埂宽为 2～3 米，形成塘坝，使之可成为蓄水 2.0～2.5 米的池塘（从沟底起最大水位可达 2.5 米以上），以利于开展青虾养殖。田块应在主干道留收割机下田时的通道。

该模式下，秧苗培育一般采用直播秧苗模式。

3. 进排水系统

应建有独立的进排水系统，进排水口开在稻田相对成两角的田埂上，以使整个稻田的水流畅通。进水管口高出最高水位 20 厘米，管口套 60 目网布袋过滤，以防野杂鱼进入。排水管铺设在沟底部，出水口处接上可旋转 PVC 管，管口高出池塘最高水位 30 厘米，排水时通过旋转 PVC 管口高度调节水位。管口套 20～40 目网布，以防青虾进入排水管道而逃逸。

4. 配套设施

开展稻虾轮作，除配备必要的能满足生产需要的电力容量和设施外，有条件应配置足够功率的自备发电机设备，用于意外或临时断电时青虾养殖增氧所需电力保障。配置必要的水泵，用于特殊情况下灌水排水需要，并可用于临时充水增氧。按每 667 米^{2}0.3 千瓦配备标准配置水车式增氧机或微孔管底增氧盘，以满足青虾养殖对溶氧的需求。

第二节　水稻种植

一、稻种选择

为确保青虾有足够的生长时间，稻虾轮作宜选择种植早稻为主。早稻品种的选择，既要具有抗倒伏性，又要因地制宜，适合当地消费习惯或满足订单需求。

二、育秧管理

1. 小田块模式

小田块模式稻虾轮作，由于环沟浅窄，不宜稻虾共生，一般在早稻播种前就需完成青虾的清塘（沟）捕捞。采用早稻机械插秧，在时间上与人工直播相比，可推迟 30 天左右，能够相对延长青虾养殖周期，有效提高青虾规格和产量，提升经济效益。因此，为延长保证青虾养殖生产周期，小田块模式通常采用机械插秧模式，因而采用塑盘育秧。华东地区塑盘育秧时间一般为 4 月 10 日前后。通常另选适宜水田作为苗床，并使床面糊烂、耙平，以便秧盘与苗床接触紧密。秧盘入床摆放后，将田泥均匀装填于盘孔中，用扫帚或其他工具刮平并清除盘面烂泥。然后将已发芽露白的种子均匀撒播于塑盘上，插好竹拱，盖好地膜，进入育秧阶段。

2. 大田块模式

大田块模式稻虾轮作，一般蓄水环沟宽 3.0～4.0 米、深1.0～1.5 米，即使水位略有下降，仍然不影响青虾的养殖，而且经过青虾轮作后，稻田表面平整湿润，表层土干净、松软，适宜水稻育秧，因此可采用省劳力、低成本的直播育秧方式，即直接将已处理完毕破胸露白的种子均匀撒播于稻田中。由于在早稻育秧和生产的部分阶段，田间环沟也仍处于蓄水养虾阶段，因此，大田块稻虾轮作模式从早稻育秧到春虾捕捞完毕，即 4 月上旬至 7 月初处于稻虾“共生”阶段。与小田块模式相比，大田块模式利用宽而深的环沟，延长了青虾养殖时间，可获得较大规格、较高产量的商品虾。

三、栽前准备

采用塑盘育秧进行机插模式的，秧苗经 20～25 天的培育，即可进行移栽机插。

移栽前将已干塘捕捞完青虾后的田块再次灌水入田沟，直至与秧田齐平，使田面保持薄水。开展青虾养殖生产后，塘底田面会变得较为干净、松软。因此除第一年要进行田块的翻耕外，以后每年均可免耕，可节省生产成本。

移栽前将杀虫农药按处方用量和方法，喷洒到秧床上，做到带药移栽，做好早稻病虫害的预防工作，可大大减少农药的使用量。

四、秧苗移栽

早稻秧苗移栽机插时间为 5 月 10 日前后，机插间距为直距 24 厘米、横距 12 厘米，每穴 5～7 株。

五、水稻管理

1. 除草

(1) 小田块机插模式　只需在早稻机插后 7 天内除草 1 次。如用苄·丁除草粉之类的粉剂除草药，在施用时与微量尿素搅拌，均匀撒于秧田上。

(2) 大田块直播模式　通常在直播后 5～6 天，使用直播净除草 1 次；一个月后，视杂草情况，可施用稻杰千金进行第 2 次除草。

在实际操作中，因轮作灌水养虾对杂草生长环境的影响，以及稻秧的生长优势对杂草的抑制作用，除开始轮作前几年需除草 2 次，以后一般只需除草 1 次。除草剂可选用当地习惯使用农药，并根据说明书或处方用量使用。

2. 施肥

(1) 小田块机插模式　整个早稻种植过程中，只需在除草粉使用后 3～4 天，见杂草叶泛黄后每 667 米^2 施 0.1 千克尿素，以防止稻叶变黄受损，影响日后产量，其余时段不再施肥。

（2）大田块直播模式　具体施肥视田间肥力情况而定。常年采取稻虾轮作的稻田，因青虾养殖过程中残饵和排泄物产生的肥力，一般不需要再额外施肥。

3. 晒田

在水稻大田分蘖达到一定数量或者幼穗分化进入一定阶段时，将田间水层排干，并保持一段时间不灌水，以改善水稻生长环境，提高土壤养分的有效性，抑制病虫害，并促进分蘖成穗，培育大穗，抑制无效分蘖，顺利实现从营养生长向生殖生长的转换，促进水稻根系生长，提高禾苗抗倒性和抗病性。

晒田应掌握“时到不等苗，苗到不等时”的原则。根据苗、田、天气来确定晒田的轻重及时间长短。

大田块模式稻虾轮作，可在6月底完成青虾捕捞后，利用7月初晒田的时机，排干环沟中的积水，施用生石灰进行清沟，并曝晒消毒。

六、水稻收获

早稻收割通常在7月中旬至8月初，具体应根据各地气候差异和气象变化以及不同水稻品种成熟时间的不同，科学安排早稻收割。

早稻收割推荐机械化收割，且尽量齐泥收割，使残留的稻桩越短越好，并将秸秆清理干净。

第三节　青虾繁育

一、池塘准备

1. 面积

为保证种虾及后期虾苗质量，种虾宜进行专池培育。培育池总面积由种虾数量决定，单池面积以1 330～2 000 米^{2}为宜，池深

1.2～1.5 米。

2. 消毒

种虾放养前每 667 米^2 用生石灰 75～100 千克或漂白粉 15～20 千克进行干法消毒。待药效失效后，用 60～80 目聚乙烯网过滤加注新水至水深 80～100 厘米。

3. 培水

（1）*有机肥培水*　种虾放养前 7 天，施用经发酵熟化的有机肥进行培水，用量为每 667 米^{2}100～150 千克。发酵时可按肥料量 1%～2%的比例加入生石灰进行消毒处理。

（2）*无机肥培水*　因环保和省工省时的要求，目前许多地区已改用无机肥培水、追肥。无机肥培水一般每 667 米^2 用 2.5 千克复合肥，或 2.5 千克过磷酸钙＋2.5 千克尿素，3～5 天即可达到肥水效果。

应注意的是，在施用过磷酸钙和尿素时，要先施用过磷酸钙，之后再施用尿素，不能磷、氮同时施用，也不能先施尿素后施磷肥。此外，施用磷肥一定要用过磷酸钙，不能用钙镁磷肥或其他磷肥代替。

4. 水草移栽

根据青虾喜欢栖息在水草丛生的习性，可在种虾培育塘四周离田埂 2.0 米左右处移栽喜旱莲子草，栽种面积占水面面积的20%～30%。水草进池前要用漂白粉等药物浸泡，以杀灭水草中有害生物。

二、种虾培育

1. 种虾来源

用于繁殖的种虾可直接选购来自江河、湖泊等天然水域的野生青虾。采用抄网、虾笼等捕捞工具捕获抱卵虾或是未抱卵的雌虾和雄虾。也可以选择自己培育的，采用不同方式，每年经与来自天然水域的种虾杂交后的抱卵虾，或与来自天然水域的虾种养殖成熟后在塘中自然杂交产生的抱卵虾。但切不可每年都采用留塘抱卵虾做种虾，以免造成种质退化，影响青虾养殖产量和规格。

若采用选购未抱卵雌虾和雄虾的，则需按雌雄虾比例4∶1进行专塘混养培育，使其交配而获得抱卵虾。因此，该方法不如直接挑选、投放抱卵虾操作简单、数量可控。

此外，还可采用将冬季购买江河、湖泊等天然水域中2.0～3.0厘米的虾种与同规格的自己留塘虾种一起混养的方法，在繁殖季节获得杂交后的抱卵虾，以改善青虾养殖性状。与夏季高温时直接采集抱卵虾相比，该方法运输过程中对青虾的损伤少，操作方便，采集成本和运输成本较低。

2. 种虾条件

种虾要求体长在5.0厘米以上，个体强壮，行动敏捷，肢体完整，无伤无病。

如选购天然的抱卵虾作种虾，则要求抱卵虾规格均匀、卵粒呈绿色或橘黄色，并颜色一致，以保证长途运输时卵粒安全不易脱落，孵化时幼体出膜时间一致，培育成的虾苗规格整齐均匀。

3. 种虾的长途运输

如选购的种虾需要较长时间运输，则应将每箱装有1.0～1.5千克种虾的聚乙烯钢架网箱（30厘米×50厘米×15厘米）累叠后放入水箱，并用纯氧增氧，避免用气泵增氧造成对虾体的损伤。当水温超过25℃时，可在水体中加冰降温（冰块不可直接接触水体）或用冷藏车运输，以保证其运输成活率在98%以上。如选购的是抱卵虾，则宜采取冷藏车运输，避免采用加冰降温的方式运输，以免给卵粒带来不良影响，但成本较高。

4. 种虾培育

6月初，将符合种虾条件且所抱的卵发育程度一致或相近的抱卵虾按每667米^{2}7.5～10千克的放养量放入同一培育塘，进行强化培育。种虾强化培育阶段，每天投饵一次，每天投喂量占种虾总重量的5%～7%，具体视天气及种虾摄食活动情况而定，一般以饲料观察台中饲料 1.5～2.0 小时被吃完为标准，可适当添加切成碎粒的螺、蚬肉等动物性饲料，以增加营养，促进卵仔的发育。适当增加换水水量和次数，刺激卵粒发育，保持水质清新良好。

三、虾苗繁育

抱卵虾经 15～20 天的强化培育，到 6 月中下旬即开始产卵。一般将种虾培育塘和虾苗繁育塘合二为一，即抱卵种虾直接在培育塘抱卵孵化，虾苗培育也在同一池塘中进行。

注意观察抱卵虾孵化情况，及时用地笼或三角抄网起捕产空的抱卵虾，用于出售以增加效益。随后进行虾苗强化培育。

当溞状幼体孵出 2～3 天后，开始泼洒豆浆，每天每 667 米^2 用 1.5 千克黄豆磨浆去渣后沿池塘四周进行泼洒，上午、下午各 1 次，作为虾苗的补充饵料及肥水之用。8～12 天后，到 7 月初虾苗长到仔虾时，开始投喂青虾专用配合饲料破碎料。正常吃食后，每日沿池塘四周投喂两次，投饲量以仔虾 1.5～2.0 小时吃完为宜，直至出苗。整个育苗期间要保持水质肥、活、嫩、爽，防止病害发生。可视水质及水中浮游生物情况，用生物复合肥进行追肥。

当虾苗培育到规格为 6 000～8 000 尾/千克时，可将虾苗用抄网或密网捕捞出池进行苗种放养。

第四节 稻虾种养管理

一、稻田准备

早稻收割完毕后，立即灌水入田，并视残留稻桩高矮，使水位保持在 0.2～0.3 米，能够浸没稻桩，促使稻桩腐烂，并及时清除漂浮在水面的杂草。2 天后，打复水，彻底排除稻田及环沟中的积水，随后注入新水，以防止池塘注水后稻桩腐烂造成养殖前期水质过于肥沃而败坏，引起缺氧泛塘。

再次注水时，应使塘水达到最高水位，小田块为0.6米，大田块为1.0米，并按每667米^{2}0.3千瓦的要求配置安装好增氧机。此时，稻田就转变为池塘，稻虾轮作的综合种养模式开始进入青虾养殖阶段，直至翌年青虾捕捞结束，小田块在4月底至5月初，大田块在6月底。

二、虾种放养

1. 秋虾种

根据早稻收割完成情况和池塘准备情况，通常在8月上旬至下旬每667米^{2}投放规格为6 000～8 000尾/千克、体长1.5～2.0厘米的虾苗3万～5万尾。虾苗放养时节正值夏季高温，因此应选择在晴天晚上进行，以避免阳光直射，并确保虾苗培育塘水温与养殖放养塘水温温差不超过3℃。放苗时应开启增氧机，并将虾苗缓慢放养在增氧机下水面处，使虾苗随着水流散开。

2. 春虾种

通常在翌年的1—2月，第一茬青虾养殖干塘起捕后，随即灌水回塘，并在未达商品虾要求的青虾中挑选部分作为青虾养殖用虾种回放到塘中，其余则出售。虾种入塘时要均匀分布，并使其自然游散，不可积压。

小田块每667米^{2}回放养规格为4 000尾/千克左右的虾种10.0～12.5千克，进入第二茬青虾养殖，直至4月底5月初。

大田块每667米^{2}回放养规格为2 000～4 000尾/千克的虾种2.0～2.5千克，进入第二茬青虾养殖，直至6月底7月初。

三、水位、水质调节

虾池水体应掌握前浓后淡原则，透明度控制在20～30厘米。

前期加水以补充自然蒸发为主。进入 9 月，随着青虾摄食、排泄量的增加，底质沉积增多，注意观察水质变化，及时加水或换水。换水时先排底层老水，再加注新水，且须在早晨日出后进行。通常每次换水量控制在 20%以内，以保持水质稳定。必要时可施用复合微生物制剂来调节水质。

换水应以保持水质稳定为前提，做到“小进小出”，忌“大进大出”，防止养分流失，藻相变化过大，引起倒藻。换水宜在上午日出后进行。下午换水，易引起池塘上、下水层急速对流，池中腐败物质随之翻起，加快分解，消耗大量氧气，从而造成晚上青虾缺氧浮头甚至泛塘。

四、投饲管理

1. 秋虾

在青虾虾苗入塘一周后即开始投喂青虾专用颗粒饲料，日投喂 1 次，时间为 16：00—18：00；1 个月后改为日投喂 2 次，08：00—09：00 投喂总量的 30%，16：00—18：00 投喂总量的 70%，日投喂总量为 1.5～2.0 千克，灵活掌握。当水温低于 15℃时，青虾逐步停食。

2. 春虾

每年 3 月 20 日前后，当水温上升到 15～20℃时再次开始投饲，并逐渐加量至日投喂青虾专用颗粒饲料每 667 米^{2}0.5 千克。

3. 投饲方法

投饲坚持“四定”“三看”原则，将饲料均匀投撒于池塘四周浅水区，并视天气、水质、水温、青虾活动摄食情况予以调整。一般以观察台中饲料 2 小时左右被吃完为参考标准。

五、田间管理

加强青虾养殖日常巡塘管理，每天早晚各巡塘 1 次，观察虾池水质变化，及时调控水质；观察青虾摄食情况，适当调整投饲量；观察虾体活动，一旦发现病症，应立即查明原因，对症下药；检查生产设施、设备是否完好，及时采取补救措施予以修整；观察天气变化，及时开启增氧机或加注新水，特别是遇到阵雨天晚上，要提前开动增氧机，且一旦开机就开到天亮；加强质量安全管理，做好养殖日志。

六、收获上市

1. 秋虾捕捞

当年9月底，当青虾达到商品规格时，即可采用网眼1.5厘米的地笼进行诱捕，捕大留小，上市出售，直至春节时干塘起捕。

2. 春虾捕捞

小田块在4月10日前后开始捕捞，采用网眼1.5厘米的地笼进行诱捕，捕大留小，到5月初早稻机插前干塘起捕。

大田块可充分利用宽而深的环沟，适当推迟开捕时间，并与稻秧共生一段时间，延迟干塘起捕时间，以培育更大规格的商品青虾，提高产量和收益。

第五节　常见病（虫）害防治

一、水稻病虫害及防治

早稻的主要病虫为二化螟。在稻虾轮作模式下，稻田经青虾养殖阶段长时间灌水浸泡，阻断了水稻病害的传播，自身几乎无病害的发生。但在早稻种植阶段，因周边稻田发生的病害，仍然有可能导致稻虾轮作稻田病害的发生，其属于外源性传播感染。因此，通常根据农技植保部门病虫害预测预报和周边大田病虫害发生情况，每667米^{2}用10毫升“康宽”（氯虫苯甲酰胺），兑水用喷雾机进行喷洒防治。

二、青虾病害及防治

稻青虾轮作模式下一般很少有青虾病发生，重点是做好青虾病害防控工作，注意消毒杀菌，每间隔 15 天全塘每 667 $米^2$ 泼洒聚维酮碘 0.25 千克或生石灰 5～10 千克，以预防病害发生。

第四章 青虾塘种稻轮作种养技术

第一节　环境条件

一、池塘选择

1. 产地环境

产地应符合《无公害农产品　淡水养殖产地环境条件》（NY/T 5361—2016）标准和《无公害农产品　种植业产地环境条件》（NY/T 5010—2016）标准的规定，养殖场和养殖池应符合光照好、地势平坦、集中连片、交通便利、无污染、电力设施齐全等条件。

2. 水源水质

水源充足，水质良好。

3. 池塘条件

青虾养殖池塘以长方形、东西向为佳，面积 2 000～6 500 米^2 较宜，池深 1.2～1.8 米，坡比为 1∶2.5，池底平整不漏水；池底以黏壤土最好，沙质土次之，淤泥层厚度 10～20 厘米。

二、田间工程

1. 池塘工程

池埂修整，池底部中央尽量找平。塘底三面开环沟，形成一个平台，用于水稻种植，塘底平台至塘面高度为 0.6 米。其中两面为浅沟，宽度 3 米，至池底平台高度 0.8 米，一面为深沟，宽度 3 米，至池底平台高度 1.2 米。环沟的设置有利于后期青虾集中起捕。

2. 进排水系统

应建有独立的进排水系统，进排水口开在池塘相对成两角的塘边，进水管口高出最高水位 20 厘米，管口套 60 目网布袋过滤，以防野杂鱼进入。排水管铺设在沟底部，出水口处接上可旋转 PVC 管，管口高出池塘最高水位 30 厘米，排水时通过旋转 PVC 管口高度调节水位。管口套 20～40 目网布，以防青虾进入排水管道而逃逸。

3. 配套设施

开展稻青虾综合种养应配备必要的电力、增氧、水泵等设施，如有条件最好能够配置满足生产需要的自备发电设备，用于意外或临时断电时青虾养殖增氧所需电力保障。一般可按每 667 米^2 0.25～0.30 千瓦配备标准配置水车式增氧机或微孔管底增氧盘，满足青虾养殖溶氧需求。

第二节 水稻种植

一、稻种选择

经过审定的植株高大、抗倒伏性强、适宜池塘种植的专用水稻品种，简称渔稻。可根据当地的消费习惯和订单农业的需求，选择不同适宜稻青虾种养的水稻品种进行种植。

二、育秧管理

可选择暂空期的池塘，排干池水，新开塘底泥较硬的可在池底适当耕翻，平整淤泥，适量施底肥。秧床间开沟，四周开排水沟。浸种前晒种 1～2 天，扬去秕谷、杂质，将浸好的种谷洗净沥干，在简易温室等设施内用麻袋捂种催芽，保湿至种子全部露白。采用稀直播的方法，每平方米苗床播刚露白的芽谷 40～50 克，边播种边盖细土，覆土 0.5 厘米，以不露籽为宜。播后管理同普通水稻大田育秧，容器育苗播种后应灌足水，保障出苗对水分的需要。

三、栽前准备

排干池水，露出塘底，平整淤泥，新开塘底泥较硬的可在池底适当耕翻，老池塘平整淤泥，曝晒 7 天以上。种稻养虾前需进行干塘消毒，池塘用生石灰或漂白粉干法消毒，生石灰用量为每公顷 1 125～1 500 千克，漂白粉全池泼洒，用量为每公顷 60～70 千克，待毒性过后适当进水再进行秧苗移栽。

四、秧苗移栽

以渔稻代替虾塘和鱼塘中的水生植物，当秧龄达到 30 天时（株高 40 厘米左右），进行移栽，种稻面积占池塘总面积的 50%～60%，移栽密度为 50 厘米×50 厘米或 60 厘米×60 厘米，每丛 2～3株，均匀移栽分布于池塘中央。一般在池边处留 3～8 米宽的投饲带和地笼设置带。

五、水稻管理

水稻生长期间不晒田、无须施加水稻的专用肥料，全生育期不喷施农药。池塘水位控制在 30 厘米左右，在栽种后 1～3 周，渔稻进入分蘖期，可使池塘水位降至 10 厘米左右。在后期渔稻快速生长期，根据渔稻高度，逐渐提高水位，拔节期间水位宜控制在 50 厘米左右，盛夏拔节孕穗时水位控制在 80～90 厘米，可以预防螟害。灌浆成熟期水位控制在 100～120 厘米。

六、水稻收获

当稻穗谷粒颖壳95%以上变黄、籽粒变硬、稻叶逐渐发黄时，采用收割稻穗的方式收获。

第三节 青虾繁育

一、池塘准备

可进行育苗池专池培育，选择面积1 330～2 000米^2、池深1.2～1.5米、淤泥厚10～15厘米的池塘。在虾苗繁育前排干池水，露出塘底，曝晒7天以上。放养前进行干法消毒，每667米^{2}用75～100千克生石灰在小池中化开后全池泼洒，一周后加注新水（经双层60～80目聚乙烯网过滤）至水深80～100厘米。

亲虾放养前7天，施用经发酵熟化的有机肥，用量为每667米^2 100～150千克。发酵时加入肥料量1%～2%的生石灰进行消毒处理。并可根据水质情况加施适量生物复合肥。同时在池塘四周离埂1.5米左右处栽种喜旱莲子草，栽种面积占水面面积的20%～30%。

二、种虾培育

用于繁殖的种虾来源与前述稻虾轮作相同，可以直接选购来自天然水域的抱卵虾，也可以选择自己培育或采购原良种基地的种虾。选择体长5厘米、体重2.5克以上的健康抱卵虾作为亲本，要求规格均匀、卵粒绿色或橘黄色，并颜色一致。抱卵虾放养量为每667米^2 5～10千克，在育苗池中设置网目为0.56毫米，规格为2米×1米×0.7米的聚乙烯网箱，每只塘设置3～5只，将受精卵已出现眼点的抱卵虾放入网箱，每只箱放抱卵虾2～3千克，孵化完成后，孵出的溞状幼体穿过网眼直接进入育苗池中，亲虾可随网箱一起取出。

三、虾苗繁育

注意观察抱卵虾孵化情况和溞状幼体的数量，溞状幼体孵出2～3天后，开始泼洒豆浆肥水，每天每667米^{2}用1.5千克黄豆磨浆去渣后沿池四周进行泼洒，上午、下午各1次。7～10天后，可投喂少量配合饲料破碎料。正常吃食后，日投饲量为虾苗存塘量的5%，每日两次，沿池四周投喂。每10～15天视水中浮游生物情况，用生物复合肥进行追肥。培育期施用生石灰一次，化浆全池泼洒使水体浓度为10毫克/升。当虾苗培育到规格6 000～8 000尾/千克时，可将虾苗用抄网或密网捕捞出池进行苗种放养。

第四节 稻青虾种养管理

一、稻田（池塘）准备

选择面积1 330～2 000米^2、池深1.2～1.5米、淤泥厚10～15厘米的池塘。在虾苗繁育前排干池水，露出塘底，曝晒7天以上。放养前进行干法消毒，每667米^{2}用75～100千克生石灰在小池中化开后全池泼洒，一周后加注新水（经双层60～80目聚乙烯网过滤）至水深80～100厘米。根据当地的气候情况选择渔稻种植的时间，江浙地区一般5月中下旬选择适合本地消费习惯的渔稻品系。经选种、浸种、捂种催芽等处理后，采用大田育秧、营养钵育秧等方式育秧。6月中旬，当秧龄30天、秧苗约40厘米时，将秧苗移栽于养虾池塘中部，移栽时保持水深20厘米左右。

二、虾种放养

15～20天稻秧返青后，随稻株高逐步提高水位，保持水深30

厘米左右。渔稻移栽 30 天后，选择早晚水温低于 32℃，每 667 米^{2}均匀放养规格为 4 000 尾/千克的虾苗 10～15 千克。注意避开青虾苗种蜕壳高峰期。

三、水位、水质调节

主要根据水稻的生长期，结合青虾生长和水质情况进行水位管理。虾苗放养后，水稻分蘖期随稻株高逐步提高水位，以不淹没心叶为准。定期监测水质指标，保持溶氧 5 毫克/升以上。盛夏高温拔节孕穗期，每 10～20 天加注新水，每次注水 15～20 厘米，直至水位 80～90 厘米并保持；9 月待水稻进入灌浆结实期，提高水位控制在 1.0～1.2 米。当虾塘透明度降至 40 厘米以下时，使用生物复合肥进行调节。根据气候和溶氧情况及时开启增氧机，保持池溶氧 5 毫克/升以上。

四、投饲管理

按无公害青虾池塘养殖技术规范的要求投饲、日常管理等，选用青虾人工配合饲料，日投饲量为存塘虾体重的 3%～5%。上午投日投饲量的 30%，下午投日投饲量的 70%。沿池塘四周均匀投放，按“四定”原则投饲，并视天气以及虾摄食、蜕壳和活动情况等作适当调整。

五、田间管理

以青虾养殖的日常管理为主，每天早晚各巡塘一次。检查水质变化，及时调节水质；检查青虾摄食状况，适时调整投饲量；观察虾体活动情况，一旦发现生病症状应立即查明原因对症下药，并做好养殖日志。

六、收获上市

1. 青虾收获

根据市场行情适时上市，9 月起部分青虾可达商品规格。每 667 米^{2}放地笼 2～4 只，捕大留小，将达到商品规格的成虾陆续起捕上市，直至翌年 4 月干塘捕捞上市。

2. 水稻收获

10 月下旬至 11 月上旬，当稻穗谷粒颖壳 95%以上变黄、籽粒变硬、稻叶逐渐发黄时，采用收割稻穗的方式收获。

第五节　常见病（虫）害防治

一、水稻病虫害及防治

渔稻病害很轻，不需要专门用药防治。主要抓好分蘖期、拔节孕穗期和灌浆结实期的水位控制，通过水位控制来防治二化螟、三化螟、大螟、稻飞虱等病虫害。

二、青虾病害及防治

做好虾病防控工作，每隔 15～20 天泼洒 1.0～1.5 毫克/升的漂白粉或 20 毫克/升的生石灰消毒一次，与水质调节剂交替施用。稻青虾共生情况下一般少有虾病发生。

第五章 稻青虾共作种养技术

第一节　模式特点

稻青虾共作种养模式是在种植单季稻同时养殖一茬青虾，并套养一定量的泥鳅、草鱼、鲢和鳙等其他水产品种，一般长江中下游地区 11 月中下旬收割水稻，12 月上旬起捕大规格的青虾及泥鳅等鱼种，对未达商品规格的青虾继续养殖，至翌年 5 月起捕。

第二节　环境条件

一、稻田选择

1. 环境水质

养殖青虾的稻田一般选择水源方便、充足，水质良好、进排水方便、土质好、不渗漏水且通路的田块。田块面积一般在 5 336～10 005 米^{2}较为适宜。稻田应符合《无公害农产品　淡水养殖产地环境条件》（NY/T 5361—2016）标准和《无公害农产品　种植业产地环境条件》（NY/T 5010—2016）标准的规定，且达到无公害农产品和水产品产地环境要求。

2. 稻田条件

稻田土质黏土壤，保水性能好、无渗漏。区块连片，东西向，阳光充沛。稻田设置进排水设施，灌排方便。

二、田间工程建设

1. 田块改造

根据田块面积不同，在距田埂0.5～3.0米处开挖环形沟，一般为“田”字形或“目”字形田间沟。一般田埂内环沟宽1.5～4.0米，深0.8～1.5米。环沟总面积控制在稻田总面积的10%～20%为宜。将环沟中挖出的泥土加筑田埂，一般高出田面0.5米左右，界面呈梯形。土地进行平整操作，在主干道到田块一边留出约2米宽的作业通道方便作业机械出入。

2. 进排水系统及拦鱼设施

在稻田两头设置进、排水管道，排水渠近端分别设进、排水口，排水口应略低于田面。进排水渠道均设置60目网袋过滤，防止敌害生物进入及青虾逃散。

3. 配套设施

青虾养殖应配备相应的微孔增氧、水泵、电力等配套设施。按每667米^{2}0.3千瓦的功率配备标准配置水车式增氧机或微孔管底增氧盘，以满足青虾养殖对溶氧的需求。

第三节　水稻种植

一、稻种选择

在水稻品种选择上，应选择耐肥力、抗倒伏、抗病性强的高产优质的水稻品种，如“甬优12”“秀水12”等，或其他适合当地种植的优秀水稻品种。

二、育秧管理

采用塑盘育秧，育秧时间在华东地区一般为4月上旬，薄膜覆盖，将已发芽露白的种子均匀撒播于塑盘上，插好竹拱，进行育秧。

三、秧苗移栽

秧苗经过培育，一般在5月初即可进行移栽插秧。可以采用机插或者免耕抛秧法，薄水抛秧，行距30～60厘米、株距20～60厘米，每丛2～4株。可根据实际情况做调整。

四、水稻管理

1. 晒田

水稻移栽后约25天进行晒田，将水位降低到田面露出，并及时关注青虾是否有异常反应，晒田结束后，及时恢复水位。

2. 水位控制

水位控制方面要综合考虑，以保障水稻生长为主，兼顾青虾生长需要。放养初期，田水可略浅，保持在田面以上15厘米左右即可。随着青虾的长大，对活动空间的需求增加，水稻生长过程中抽穗、氧化、灌浆等需要大量水，水位宜控制在30～45厘米，抽穗后期适当降低水位，养根保叶。

3. 施肥

分别于水稻移栽后7天、15天和7月中下旬，每667米^{2}施尿素10千克，稻田施肥禁止使用对青虾有害的化肥，施肥主要以腐熟的有机肥为主，追肥时需将水位降低，让青虾集中于虾沟之中。追肥过程中，为减少对青虾的影响，应尽量采用少量多次、分片撒肥和根外喷肥的方法。

4. 用药

在稻田病虫害防治方面，优先采用物理防治和生态防治。稻田病害严重时，可选择高效、低毒、无残留农药，禁用青虾高度敏感的含磷药物、菊酯类和拟除虫菊酯类药物。喷洒农药一般应加深田水，降低药物浓度，减少药害；也可降低水位至虾沟以下再用药，8 小时左右及时提升水位至正常水位。

5. 灭虫

灭虫主要利用太阳能灭虫灯，根据当地实际情况，每盏灯可以控制周边 10 005～13 340 米^{2}的稻田虫害。也可增加布置密度，如每盏灯控制 3 335～6 670 米^{2}的范围，增加灭虫力度。

五、水稻收获

水稻收获时间华东地区一般在 10 月到 11 月间，收获方式根据田块面积等实际情况可以采用人工收割或者机械化收割。水稻收获后，提高水位至 40～50 厘米，可适当追肥，促进留桩返青。

第四节 青虾繁育

一、种虾培育

种虾培育可以采用专池培育，培育面积根据种虾数量决定，一般单池面积在 1 334～2 001 米^{2}为宜，池深在 1.2～1.5 米。

种虾培育前池塘需进行消毒处理，并用有机肥或者无机肥培水。种虾培育池可移栽一定数量的水草，为青虾提供相应的生长和繁育环境。

根据当地实际情况，种虾可选购天然水域捕捞的抱卵虾或未抱卵的成年雌虾和雄虾。也可以选择自己培育的种虾，但要注意种虾的选择。一般种虾要求体长 5.0 厘米以上，个体较为强壮、行动敏捷、肢体完整、无病无害。

二、苗种投放

一般华东地区虾苗繁育在 5 月中旬，水稻移植后 25～30 天放养大规格的抱卵亲虾，每 667 米^2 放抱卵虾 8～12 千克，雌雄比例 3∶1。

如果是专池培育的虾苗，投放时选择规格整齐、体质健壮、游泳活泼、体长 1.2～1.5 厘米的虾苗，每 667 米^2 投放 18～23 千克。苗种投放时，应做到大小规格基本一致，选择晴好天气的上午，在环沟内分点均匀投放，放养前，用 5%的食盐水浸泡 5 分钟。可根据情况适当搭养少量的鲢鳙鱼苗，以保持水质和增加水体产出。

三、养殖配套

在青虾养殖的稻田环沟中，可适量种植一些水生植物，如空心菜、水葫芦、水花生等。水生植物可以为青虾生长提供隐藏栖身的场所，提高青虾成活率。水生植物的碎屑也能作为青虾的饵料。但种植水生植物的面积不宜过大，一般占环沟总面积的 15%～20%。

在青虾养殖过程中，环沟内可设置微孔增氧。在青虾养殖中后期，保证足够的水中溶氧能够有效地促进青虾摄食，增加青虾产量。所以，中后期宜增加增氧时间。

四、养殖管理

1. 投饲管理

养殖前期，每天上午、下午各投喂 1 次，后期傍晚再投喂一次，日投饵量为虾体重的 3%～5%。投饵要精粗饲料合理搭配，一般按动物性饲料 40%、植物性饲料 60%来配比。坚持检查虾摄食情况，如果当天投喂的饵料 2～3 小时内吃完，说明投饵量不足；如果第二天还有剩余，则说明投饵过多。每隔 15～20 天，可以泼洒 1 次生石灰水，每 667 米^2 用生石灰 10 千克，一方面可以维持稻田 pH 在 7.0～8.5，另一方面可以促进青虾正常生长与蜕壳。在蜕壳前，也可以投喂含有钙质和蜕壳素的配合饲料，促进青虾集中蜕壳。蜕壳期间，投喂饵料一定要适口，促进生长和防止相互残杀。

2. 水质水位调节

在直播或插秧前，将稻田及环沟内注入少量水，然后消毒。插秧后一周内，保持田面水层在1厘米以内，而后增加至2～3厘米；保持3天，再加水至10～15厘米；保持7～10天，加水至20～30厘米。收割前10天，将水位缓慢降至田面露出，引青虾入环沟内。收割后及时灌水使青虾尽快恢复生长。在高温季节，每7～10天换水一次，每次换水量约1/3。其间可用光合细菌泼洒，除去水体中有害物质等。

3. 日常管理

每天需巡查虾状态，夏天高温季节要日夜巡塘，清晨傍晚各一次。夜间发现青虾浮头，及时开启增氧机或加注新水。风雨前后及时检查塘口情况，及时清除青苔、藻类等附着物。及时维修补漏，防害、防逃。

4. 病虫害防治

疾病重在预防，坚持以综合防治为主，严禁使用有机磷和菊酯类药物，杜绝使用敌杀死、甲胺磷等。可使用微生物制剂，推荐使用环保生物药物。定期泼洒块状生石灰改良底质，促进底泥有机物分解。

五、收获上市

根据市场行情及青虾养殖生长情况，达到商品虾规格后及时捕捞上市。青虾可以在水稻收割之前起捕，规格较小的青虾可以留在田中继续饲养。建议从9月底10月初开始使用地笼网捕大留小、轮捕轮收。收获以夜间昏暗环境为宜，符合规格的虾要及时捕捞，以降低稻田虾的密度。

需要留存青虾、自繁自育的养殖户，可在后期捕捞过程中捕小留大，选择体质健壮、肥满结实、规格一致的虾种作为亲虾。根据保种需要量，统一投放，精养池养殖，雌雄比例控制在3∶1。

第五节　常见病（虫）害防治

一、水稻病虫害防治

水稻坚持定期换水，每10～15天可泼洒一次生石灰调节水质，使用量为每667米^2 5～10千克。如确需使用药物控制水稻病虫害，可选用高效低毒农药。喷农药前一天晚上，将青虾诱集到坑塘中，切断水源，第二天喷农药。雨天不宜喷农药，防止农药被雨水冲刷流入虾沟。

二、青虾病害防治

青虾苗种放养前，用生石灰或漂白粉彻底清塘。日常管理中及时关注水环境变化，每半个月用一次生石灰和生物制剂调节水质。科学合理地投饵，准确控制投饵量，防止水质败坏。如发生红点病、寄生虫病、真菌引起的黑鳃病等，可采用药浴、福尔马林泼洒、二氧化氯消毒等相应方式治疗。

第六章 模式效益分析

稻青虾综合种养技术目前在江苏、浙江、安徽等省份广泛应用，这些省份也是青虾养殖的主产区。2016 年上述三省青虾产量占全国总产量的 72.3%。在稻青虾综合种养发展过程中，从池塘单养青虾，发展到双季节养殖、轮捕轮养、稻田种养、稻田混养、青虾塘种稻等多种模式，技术趋于成熟与多样化，产量产值和效益也越来越好。在江苏的苏州、南京、常州等地，安徽的芜湖、五河等地，浙江的湖州、嘉兴、绍兴等地发展出了多种多样的稻青虾综合种养模式，主要有：①以稻为主的稻青虾轮作、共作模式，同时青虾可与鱼、鳖、罗氏沼虾、泥鳅、沙塘鳢等多品种混养；②以青虾为主的虾塘种稻轮作、共作模式；③青虾与水生植物轮作、共作。

这里主要对稻青虾轮作、共作和青虾塘种稻共作两类有代表性的模式进行分析。

第一节　稻青虾轮作、共作模式分析

21 世纪以来，稻渔综合种养技术的发展带动了多种水产品种的稻渔模式发展。稻青虾轮作或共作就是其中之一。从 2005 年开始，浙江省绍兴市越城区富盛镇青虾养殖户由种草养虾受到启发，尝试通过撒播稻种种植水稻，水稻既为青虾栖息提供附着场所、增加立体空间，所产的稻谷又可作为青虾饲料。由此减少生产成本、提高经济效益，取得良好成效。这种种养方式成为稻虾轮作、共作雏形。经过多年的发展，稻青虾种养技术逐步得到完善，稻青虾轮作、共作逐渐规模化、标准化、产业化。

目前稻青虾轮作、共作模式在江苏、浙江、安徽等地都有开展。养殖面积方面，在适合青虾养殖的基础上，稻田面积越大越好，能够提高机械化生产的效率、降低劳动力成本。轮作的茬口安排一般是：4 月底 5 月初插秧或撒播早稻，7 月下旬早稻收割完毕后投放虾苗。华东地区虾苗投放时间一般在 8 月上旬到下旬，养到 12 月到翌年 1 月前后出售。之后，放养虾种，进入第二茬青虾养殖。至 4 月底 5 月初，捕捞成品虾，将个体较小的留在田沟中继续饲养，开始新一轮水稻种植。共作的茬口安排一般为：3 月或 4 月进行田间改造，5 月底放养青虾苗，6 月初播种或插秧，11 月中下旬收割水稻，12 月前后开始起捕大规格青虾以及套养的其他品种水产品如泥鳅等，对未达到商品规格的青虾则继续饲养到翌年 5 月前后起捕。田沟较宽、较深，能使青虾养殖水体空间深而广，为适当延长青虾养殖时间提供了条件，从而能避开青虾批量上市期（特别是 5 月小麦扬穗，“麦头虾”大量上市，导致价格低廉），有效提高养殖效益。

一、经济效益

在江浙沪地区，市场对青虾认可度很高，一般价格在 80～120 元/千克，春节前后可达 200 元/千克。轮作早稻平均每 667 米^2 可产稻谷 450 千克左右，青虾 50～60 千克，再加上套养的鱼类，产值可达 7 000 多元；扣除早稻种植和青虾养殖的支出，每 667 米^2 效益可以达到 5 000 元以上。稻虾共作模式下，一般每 667 米^2 可产稻谷 450 千克以上，青虾可达 40～60 千克，此外还有其他水产品，利润可达 3 000～5 000 元。

二、生态效益

稻虾轮作、共作与传统单纯种稻相比，不仅能改善养殖和种植的生态环境、减少病虫害发生、减少渔药和农药使用量，而且能显著降低早稻种植过程中化肥的使用量。据统计，稻青虾轮作、共作与单纯种稻相比，可分别减少渔药、农药、化肥使用次数2～3次，从而降低农业生产的面源污染、减少对环境的危害、保护生态环境、形成良性的生态体系，具有较好的生态效益。

三、社会效益

稻青虾轮作、共作，不仅稳定了粮食生产和供给，保障了“米袋子”，还给市场提供了大量的商品虾，丰富了“菜篮子”。这种综合种养模式为广大农民提供了致富的新路径，对于提高农户收入、改善农民生活水平、促进社会主义新农村建设具有重要意义。

第二节 虾塘种稻共作模式分析

目前，多种水产动物养殖池塘都有种稻模式，如青虾、河蟹、乌鳢、黄颡鱼、泥鳅、中华鳖、小龙虾、南美白对虾等。青虾塘种稻是其中重要的一种。浙江杭州地区还实施了地方农业标准《“青虾—芦苇稻”种养结合技术规程》(DB3301/T 1026—2013)，对推广青虾塘种稻起到了有效的推动作用。

浙江、江苏等地发展较为典型的是虾塘种植高秆稻（芦苇稻）。青虾养殖池塘年份久了以后会出现池塘老化、水体富营养化、病害增多、产量下降等现象。通过种适合青虾池塘生长的株型高大、茎秆粗壮、根系发达的高秆稻，可以吸收池塘底泥和水中的氮磷等营养物质，降低底泥中有机物和氨态氮的含量，起到净化水质、改善底质的效果，同时为青虾提供良好的生长和栖息环境，有利于大规格青虾的养殖。

虾塘种稻共作模式在江苏、浙江等地都有分布，一般养殖池塘面积3 335～6 670米^2，水清质优。茬口安排是：高秆稻移栽前10

天左右池底施放经发酵腐熟的有机肥，5月育秧盘育秧，6月进行人工移栽，7月上旬放养青虾苗，放养规格4 000～6 000尾/千克，放养量为每667米^{2}6万尾，可套养一定量的其他品种，如沙塘鳢（放养规格3.0克/尾，放养量每667米^{2}400尾）。青虾养殖40～60天开始捕大留小出售，10月中下旬收割水稻，沙塘鳢冬季至翌年2月视市场行情适时捕捞上市。这种模式可以一定程度上提高青虾养殖成活率、增加成品虾产量，同时还可以有效改善青虾养殖环境、增加粮食产量、提质增效。

一、经济效益

多年生产实践表明，虾塘种稻共作模式种养按如下标准：4 000～6 000尾/千克的青虾苗，每667米^{2}放养虾苗6万尾，渔稻种植面积占50%，栽种间距为50厘米×50厘米。一个生产周期结束，每667米^{2}青虾产量可达100千克以上，沙塘鳢可达20.5千克，稻谷可达156千克，平均产值15 000元以上，扣除生产成本约7 000多元，效益可达8 000元以上。与传统青虾池塘养殖对比，虽然增加了人工支出、稻米加工费等，但每667米^{2}药物支出可减少100元以上，同时增加稻米产值2 000多元，经济效益显著。

二、生态效益

有数据表明，整个养殖周期内，虾塘种稻相比传统养殖单位面积减少总磷污染物排放达98%，减少总氮污染物排放达94.1%，减少污水排放量达100%，大大减轻了面源污染。通过虾塘种稻共作模式利用水稻调节青虾塘的水质、控制青虾养殖密度，不仅提高了青虾商品规格，还提高了青虾品质，并且收获“不喷药、不施肥”的原生态稻米，实现种养双赢。

三、社会效益

虾塘种稻共作模式能够在净化水质、促进养殖效益的同时保证青虾产量，还可以安全生产原生态米，提高池塘的综合利用率。该模式可带动广大农户优化种养结构，增加种养利润。

第七章 典型案例

第一节　稻青虾轮作、共作模式典型案例

一、诸暨市宜桥水产养殖专业合作社稻青虾轮作模式

（一）基本信息

诸暨市宜桥水产养殖专业合作社位于诸暨市山下湖镇解放村，自2008年开始经营稻虾轮作种养模式。该合作社主要模式是大田块稻虾轮作，获得了较好的经济效益、社会效益和生态效益。养殖面积从最初的6.67公顷发展到如今的36.7公顷，同时示范带动周围233.3公顷。

（二）技术要点

1. 主要技术

（1）稻田选择　稻田要求向阳，水源充足，周边无污染，保水性能好。

（2）田间工程　离田埂5米内挖沟，沟宽3～4米，沟深1.5米，把挖沟多余的土垒到田埂上，使田埂加宽加实，并使稻田的水位能加到1.2～1.5米，为轮作做好池塘养殖基础准备。同时预留好收割机下田通道，以便进行机械操作。

在总取水口处，用60～80目的网片和竹箔围成半圆形，并将稻田进水管口套过滤用的网布袋，以避免注水时野杂鱼等敌害生物进入稻田，从而影响青虾的生长。

（3）早稻种植　早稻品种选择“中早39”，播种量为每667米^{2}3.5千克。

采用直播方式，4月10日开始播种，播种后5～6天喷洒除草剂1次。在整个生产期间，根据季节变化，加强病虫害防治工作，做到早预防、早发现、早治疗。

由于早稻种植前期春虾养殖仍在进行中，因此早稻种植完毕后要根据秧苗的长势情况调节田块的水位。在壮苗、烤田时，一定要使田沟中水位保持在1米左右。

7月中下旬至8月初收割早稻。收割时尽量齐泥收割，使残留的稻桩越短越好。

（4）池塘准备　早稻收割后，稻草用捆草机进行打包回收，运出稻田，随后灌水入田。进水口用80目网袋过滤进水，并及时捞出池内杂草等漂浮物。2天后打复水，排出稻根腐烂后的过肥池水，补充新鲜河水，并提高水位至1.0米以上。同时，按每667米^{2}0.3千瓦的要求配置安装好增氧机或纳米增氧设施（包括罗氏鼓风机、纳米增氧盘等配套设备），以满足青虾养殖对溶氧的需求。

（5）虾苗繁育　虾苗繁育池从5月20日开始进行消毒处理，

每 667 米^2 用生石灰 125 千克，3 天后进水，到 6 月 10 日放养抱卵虾。选用江西鄱阳湖野生抱卵虾，放养量为每 667 米^{2}10 千克。一周后泼洒黄豆浆培育浮游生物，为刚脱落的仔虾准备开口饲料，并在看见虾苗沉底后开始喂青虾幼虾料。

（6）苗种放养

①鱼种放养。待田沟消毒药性消失后，每 667 米^2 放养5～7 厘米的鳙鱼苗、鲢鱼苗各 100 尾，以实现生物调控，改善青虾养殖过程中的水质。

②秋虾苗放养。8 月 15 日开始投放自繁自育、规格为 1.5～2.0 厘米的秋虾苗。放养量为每 667 米^{2}3.5 万尾，至 8 月 20 日放养完毕。

③春虾种放养。春节前后将水位降至田沟内，用小拖网进行干塘捕捞，留规格为 2 000～4 000 尾/千克，体长 2.0～3.5 厘米的青虾作为春季虾种返塘继续养殖，放养量为每 667 米^{2}1.0～2.0 千克。

（7）成虾养殖　饲料采用青虾专用配合饲料，日投喂量通常控制在虾体重的 3%～5%，具体视饲料种类、天气、水质、水温及青虾生长不同季节而定，灵活掌握。一般日投两次，07：00—08：00 投日投量的 1/3，17：00—18：00 投日投量的2/3，具体以实际生产情况进行调整。投喂时应采用分散泼洒的方法，主要投放在池塘四周及附着物上，以便于青虾均衡摄食。

在养殖过程中，通常每月 1 次用生石灰进行消毒、补钙，每 667 米^2 用量为 10 千克，并根据水体透明度适时使用生物制剂调节水质，必要时也可施用追肥，调节水质。

（8）成虾捕捞　秋虾一般在当年 10 月开始用地笼捕大留小、陆续出售。进入 12 月，天气转凉，青虾停止生长后可逐步降低池塘水位，至春节前后把池塘水位降低，把虾赶到田沟内，用小拖网进行干塘捕捞，分别按不同规格以商品虾、虾种出售。

春虾通常在翌年 5 月 20 日前后起捕，视具体青虾规格和市场价格适当调整捕捞时间，捕大留小，直至 6 月底 7 月初干塘捕捞完毕。其间，5 月至 6 月实现稻虾共生。具体种养及收获情况见表 7-1。

表 7-1　稻虾轮作模式种养和收获情况

品种	种养			收获		
	时间	平均规格	每 667 米^2 放养量	时间	平均规格	每 667 米^2 收获量（千克）
早稻	4 月 5 日	—	3.5 千克	7 月 20 日	—	450
秋虾	8 月 10 日	1.5～2 厘米/尾	3.5 万尾	12 月初	4 厘米以上	40
春虾	12 月中旬	2～3.5 厘米/尾	1.0～2.0 千克	5 月中旬	—	17

2. 注意事项

（1）适量放养鲢鳙鱼苗　青虾池塘水质要求较高，为减少水质对青虾的影响，应尽量保持水体稳定，做到调水为主、少换水。适量鳙鲢鱼搭配，可调控池塘内的藻类数量、改善水质，并滤食部分秋天繁育的青虾溞状幼体，有助于控制池塘内青虾总量，提高虾种规格和质量。

（2）春虾种的放养量宜少不宜多　春虾种每 667 米^2 放养 1.0～2.0 千克，到 6 月商品虾规格可达 80～100 尾/千克，每 667 米^2 产量可达 15 千克以上，价格达 100～120 元/千克。一般农户春虾种每 667 米^2 放养 10 千克以上，商品虾规格仅 250～300 尾/千克，每 667 米^2 产量约 20 千克。与之相比，该合作社做法投入少、商品虾规格大、销售俏、效益高，平均每 667 米^2 增加净收益 350 元以上，相对效益提高 30%左右。

3. 技术难题及解决措施

（1）自然灾害的风险防控　由于浙江一般 7 月底 8 月初有台风和阴雨天气，为防止早稻受影响，建议早稻早种早收，并选择抗倒伏品种。

（2）防止青虾种质退化　为了改善青虾品种，尽量采用野生优质虾种，有条件的还可以开展虾种选育，选育出性状稳定、生长快的优质虾种。

（三）经济效益分析

基地种养面积 366 850 米^2（其中早稻种植面积 293 480 米^2，沟坑面积 73 370 米^2），总产值 470 万元，平均每 667 米^2 产值8 545元，其中：早稻平均每 667 米^2 产 450 千克，产值 60 万元（包括各类补助）；青虾和鱼养殖总产值 410 万元，每 667 米^2 产青虾 57 千克、鱼 30 千克，产值 7 454 元。早稻种植和青虾养殖总支出 135 万元，平均每 667 米^2 成本约 2 455 元。2015 年共实现总利润 285 万元，平均每 667 米^2 利润 6 090 元，取得了良好的经济效益（表 7-2）。

表 7-2　稻虾轮作经济效益

	项目	金额（元）	合计（元）
收入	青虾、鱼	4 100 000	4 700 000
	稻	600 000	
支出	虾种、鱼种	100 000	1 350 000
	稻种	8 000	
	田租	550 000	
	基建（沟、防逃、哨棚、水电等）	150 000	
	工资（耕作、插秧收割、管理）	300 000	
	饵料	200 000	
	其他	42 000	
总利润			3 350 000
每 667 米^2 利润			6 090

（四）发展经验

1. 市场经营

将青虾规格进行分类出售，可提高大规格青虾的价格，从而提高经济效益。

2. 发展机制

稻虾轮作模式主要还是针对具有一定养虾经验的养殖户较为合

适，对于无养殖基础的种粮大户，上手难度较高，若想获得较高产量和收益，需经过专业技能培训和较长时间的实践。

二、浙江省绍兴市富盛青虾专业合作社稻青虾（鳅）轮作、共作模式

（一）基本信息

绍兴市富盛青虾专业合作社 2005 年在浙江省内首创稻青虾轮作模式，2010 年又创新发展为稻青虾（鳅）轮作、共作模式，2015 年开展芦苇稻与沙塘鳢、青虾综合种养探索。该合作社现开展以稻青虾（鳅）轮作、共作模式为主的稻渔综合种养面积 14.56 公顷，取得了较好的经济和社会效益。

（二）技术要点

1. 主要技术

稻青虾（鳅）轮作、共作模式是将稻鳅共作模式与稻虾轮作模式相融合，在同一稻田中先种植一季早稻，同时放养泥鳅，使稻鳅生态共生。具体做法是在早稻收割后灌水入田，放养青虾，开展两茬鳅虾生态混养的新型农作模式。

（1）*稻田选择*　稻田要求连片、向阳，水源充足，水质良好，无旱涝危害。稻田周边无污染，交通方便，电力设施齐全。稻田田埂、田底保水性能好，无渗水、漏水现象。

（2）*田间设施*　根据自然面积共分 21 个田块，面积为 2 668～8 671 米^2。

沿田埂四周开挖宽 1.5～2.0 米，深 0.3 米的环沟，筑坝高 1.0 米，早稻收割后成为可蓄水 0.6 米深的池塘（从沟底起最大水位为 0.9 米）。

建有完整的灌排水系统。排水管铺设在环沟中，内出水口处接上可旋转 PVC 管，以调节水位。管口套 20～40 目网布，以防泥鳅、青虾进入排水管道而逃逸。

轮作养虾时，按每 667 米^{2}0.15 千瓦的标准配备增氧机。

(3) 早稻种植

①育秧。采用塑盘育秧，时间在 4 月 10 日前后。采用泥浆育秧方法，使用约 23 厘米的钵形毯状秧盘和泥浆苗床。

②插秧。早稻选择具有矮秆抗倒伏品种“中早 39”，采用机械插秧，行距 24 厘米，株距 12 厘米 ，机插时间为 5 月 10 日前后。早年采取带药移栽，后经多年轮作，早稻病虫害大幅降低，移栽前不再施药。

③除草。在早稻机插后 7 天内除草 1 次，每 667 米^2 用 0.1 千克苄·丁除草粉，与微量尿素搅拌，以便均匀抛撒。

④施肥。整个早稻种植过程中，只需在除草粉使用后 3～4 天，见杂草叶泛黄后每 667 米^2 施 0.1 千克尿素，以防止稻叶变黄受损，影响日后产量。其余时段不再施肥。

⑤治虫。稻鳅共生时段早稻主要病虫为二化螟，通常根据农技植保部门病虫预测预报和大田病虫发生情况，每 667 米^2 用 10 毫升康宽（氯虫苯甲酰胺），化水用喷务机进行喷洒防治。

⑥收割。7 月下旬至 8 月初见早稻成熟即可收割。收割采取机械收割，且尽量齐泥收割，使残留的稻桩越短越好，并将秸秆清理干净。

(4) 苗种繁育　泥鳅和青虾苗种均选择自繁自育。

①泥鳅。通常选择 2～3 龄、体格强健无疾病的大规格泥鳅为亲本，在 4 月 20 日前后进行催产。催产 10 小时后即开始产卵，48 小时就可出苗，然后经水泥池培育 7～10 天，再转入土池强化培育。培育放养前必须用 3%的食盐水浸浴消毒 10 分钟。

②青虾。每年冬季购买来自江河、湖泊等天然水域中 2.0～3.5 厘米的虾种，与同规格的自留塘虾种一起混养，在繁殖季节获得杂交后的抱卵虾。6 月 1 日前后每 667 米^2 投放抱卵虾 15 千克，进行专塘培育。6 月中下旬开始产卵后，用地笼或三角抄网起捕产空的抱卵虾，随后进行虾苗强化培育。

(5) 苗种放养前准备

①鳅苗放养前准备。放养前 7～10 天，每 667 米^2 用生石灰

100千克对环沟进行干法消毒。隔天即可灌水入沟，并按每667米^{2}施放复合肥2.5千克进行培水，以便为鳅苗下塘提供足够的适口饵料。

②虾苗放养前准备。放养前需对早稻收割完毕后的稻田打复水，即早稻收割完毕后，立即灌水入田，使水位保持在0.2～0.3米，促使稻桩腐烂，并及时清除漂浮在水面的杂草。2天后，打复水，使水位达到0.6米，并按每667米^{2}0.15千瓦的要求配置安装好增氧机。此时，稻田转变为池塘，稻青虾（鳅）轮作、共作模式开始进入稻虾轮作、虾鳅生态混养阶段，直至翌年5月。

（6）苗种放养

①鳅苗放养。采用一次性放养，陆续捕捞。在早稻机插后5天，每667米^{2}投放规格为3.0厘米的鳅苗5 000尾，进入稻鳅共生阶段。鳅苗放养宜早不宜迟，适当提早放苗可延长泥鳅的生长期，使商品泥鳅的规格增大。

②虾苗放养。分为秋季虾苗放养、春节前后虾种放养。通常在秋季，根据早稻收割完成情况和池塘准备情况，在8月间每667米^{2}投放规格为1.5～2.0厘米的虾苗4万尾（5千克），从此进入稻虾轮作及第一茬虾鳅生态混养阶段；翌年1—2月，第一茬养殖干塘起捕后，随即灌水回塘，每667米^{2}回放未达商品要求的规格为4 000尾/千克左右的虾种10.0～12.5千克，进入第二茬虾鳅生态混养。

（7）投饲管理

①泥鳅。因其能摄食稻田中丰富的植物碎屑、昆虫、小型甲壳虫、水草嫩叶以及水体中的藻类、浮游动物，且后期与青虾混养时，青虾饲料碎屑、残饵又可成为泥鳅的美食。因此，泥鳅在养殖期间，全程不用投喂饲料。

②青虾。在虾苗入塘一周后开始投喂青虾专用颗粒饲料，日投喂1次，时间为16：00—18：00；1个月后改为日投喂2次，08：00—09：00投喂总量的30%，16：00—18：00投喂总量的70%，日投喂量为塘中青虾存量体重的3%～5%。当水温低于

15℃时，青虾逐步停食。翌年 3 月 20 日前后，当水温上升到 15～20℃时再次开始投饲，并逐渐增加至每 667 米^2 日投喂青虾专用颗粒饲料 0.5 千克。投饲坚持“四定”“三看”原则，将饲料均匀投撒于池塘四周浅水区，并视天气、水质、水温、青虾活动摄食情况予以调整。一般以观察台中饲料 2 小时左右吃完为参考标准。

（8）水质管理　掌握前浓后淡原则，透明度控制在 20～30 厘米。进入 9 月，随着青虾摄食、排泄量的增加，底质逐渐有沉积，注意观察水质变化，及时加水或换水。每次换水量控制在 20%以内，以保持水质稳定。必要时可施用复合微生物制剂来调节水质。

（9）日常管理　加强日常巡塘管理，遇闷热或雷阵雨天气，及时开启增氧机或加注新水。特别是遇到阵雨天晚上，要提前开动增氧机，且开到天亮。注意消毒杀菌，间隔 10～15 天每 667 米^2 泼洒聚维酮碘 0.25 千克、生石灰 5 千克，以预防病害发生。

（10）捕捞　当年 9 月底 10 月初，当青虾达到商品规格时，即可虾、鳅同时捕大留小，上市出售。至春节时，干塘起捕。虾、鳅捕捞采用网眼 1.5 厘米的地笼进行诱捕，以防止泥鳅钻眼被夹死。翌年从 4 月 10 日前后开始捕捞，到 5 月初早稻机插前干塘起捕，完成整个稻鳅虾共生轮作循环。具体种养及收获情况见表 7-3。

表 7-3　稻鳅虾种养和收获情况

<table>
<tr><th colspan="4">种养</th><th colspan="3">收获</th></tr>
<tr><th>品种</th><th>时间</th><th>平均规格</th><th>每 667 米^2
放养量
（尾）</th><th>时间</th><th>平均规格</th><th>每 667 米^2
收获量
（千克）</th></tr>
<tr><td>泥鳅</td><td>5 月 20 日</td><td>0.20 克/尾</td><td>5 000</td><td>10 月至春节
4—5 月</td><td>20 克/尾</td><td>42.3</td></tr>
<tr><td rowspan="2">秋虾</td><td rowspan="2">8 月 10 日</td><td rowspan="2">0.125 克/尾</td><td rowspan="2">40 000</td><td rowspan="2">10 月至
春节</td><td>3.3 克/尾
（商品虾）</td><td>31.1</td></tr>
<tr><td>0.25 克/尾
（虾种）</td><td>15.0</td></tr>
<tr><td>春虾</td><td>1 月 20 日</td><td>0.25 克/尾</td><td>40 000</td><td>4—5 月</td><td>3.0 克/尾</td><td>19.8</td></tr>
</table>

（续）

种养				收获		
品种	时间	平均规格	每 667 米^2 放养量（尾）	时间	平均规格	每 667 米^2 收获量（千克）
早稻	5 月 10 日	秧龄 25 天 秧高 15 厘米	株距 24 厘米，行距 12 厘米，5～7 株/穴	7 月下旬至 8 月初	—	481.2

2. 注意事项

（1）机械插秧与人工直播的选择

由于早稻人工直播通常为 4 月 5 日至 10 日，而采取塑盘育秧、机械插秧模式通常在 5 月 10 日前后，两者相比，采取机械插秧能延长青虾养殖周期 1 个月。因此，在实际生产中宜采用机械插秧，以利青虾生产，提高青虾规格和产量，提升经济效益。

（2）稻桩腐烂的处理

等整个田块早稻收割完毕后，立即灌水入田，并视残留稻桩高矮，使水位保持在 20～30 厘米，促使稻桩腐烂。2 天后，彻底排除塘中积水，随后再次注入新水，待水体自然培肥后即可放虾苗。早稻收割时采取机械收割，且尽量齐泥收割，使残留的稻桩越短越好。重新打水的目的是为了防止池塘注水后稻桩腐烂造成养殖前期水质过于肥沃而败坏，引起青虾缺氧泛塘。

（3）换水要点

换水应以保持水质稳定为前提，做到“小进小出”，忌“大进大出”，防止养分流失，藻相变化过大，引起倒藻。换水宜在上午日出后进行。下午换水易引起池塘上、下水层急速对流，使池中腐败物质随之翻起并加快分解，消耗大量氧气，从而造成晚上青虾缺氧浮头甚至泛塘。

（4）整沟除野要点

稻鳅共生种养过程中，可利用早稻搁田时机（7 月 10 日前后）排干环沟底部积水，对环沟进行短时间曝晒，以清除野杂鱼、清整环沟，为其后的鳅虾混养提供良好的塘底环境，并提高饲料利用率。而泥鳅因能潜入泥土中，可避免曝晒损伤。但要掌控好曝晒时间，一般不能超过 4 小时。曝晒后，立即灌水入沟。

3. 技术难题及解决措施

（1）改善青虾的种质　开始稻虾轮作时，采用留塘抱卵虾作为种虾，既简单方便又节省工本。但时间一长，就发现商品虾规格逐渐变小，产量逐步降低，病害也逐渐显现。采取购买江河、湖泊抱卵虾的方法可改良青虾的种质，但恰逢高温时节，运输抱卵虾不便；且随着稻虾轮作规模的扩张，所需抱卵虾的量也增多，很容易造成种虾损耗增大、抱卵质量下降、采购成本增加。为此，改为在冬季购买虾种的方法予以应对。将采购自江河、湖泊等天然水域中 2.0～3.5 厘米的虾种，以 1∶1 的比例与同规格的自己留塘的虾种一起混养，共放养 20 000 米^2，在繁殖季节获得杂交后的抱卵虾，从而改善青虾种质。

（2）提高虾苗放养成活率　虾苗放养时节正值夏季高温，为提高虾苗放养成活率，必须选择在晚上或凌晨时段进行，以避免阳光直射造成虾苗灼伤、脱水及高温死亡。同时，确保虾苗培育池与放养池水温温差不超过 3℃，减少应激反应带来的损伤和影响。放苗时应开启增氧机，并将虾苗缓慢放在增氧机下水面处，使虾苗随着水流迅速散开，避免集群叠压造成缺氧死亡。

（三）经济效益分析

稻鳅虾共生轮作区域面积 125 396 米^2，除去田埂（包括进水渠道）实际种养面积为 117 392 米^2，其中早稻实际种植面积104 719 米^2。早稻总产量 84 600 千克，泥鳅总产量 7 430 千克，青虾总产量 11 760 千克；按实际种养面积计算，每 667 米^2 平均单产为：早稻 480 千克，泥鳅 42 千克，青虾 66.8 千克。早稻收入 27.07 万元，泥鳅收入 37.15 万元，青虾收入 105.4 万元，合计总收入 168.12 万元。

稻种支出 8 500 元，鳅苗支出 4.39 万元，秋虾苗支出 4.39 万元，春虾种支出 8.79 万元，化肥农药支出 1.8 万元，渔药（包括生物制剂）支出 2.26 万元，稻谷烘干支出 1.57 万元，田租 17.47

万元，基建（包括沟、防逃、哨棚、水电等）支出 5.02 万元，工资支出 26 万元，饵料支出 9.5 万元，其他支出 2 万元。合计总成本 83.95 万元。

合计净收入 84 万多元，每 667 米^2 利润约 4 557 元（表 7-4）。

表 7-4 稻鳅虾共作轮作经济效益

收支	项目	金额（元）	合计（元）
收入	早稻	270 720	1 696 220
	泥鳅	371 500	
	秋虾	762 000	
	春虾	292 000	
支出	稻种	7 500	839 550
	鳅苗	43 950	
	秋虾苗	43 950	
	春虾种	87 900	
	化肥农药	18 000	
	渔药	22 600	
	稻谷烘干	15 700	
	田租	174 720	
	基建（沟、防逃、哨棚、水电等）	50 230	
	工资（耕作、插秧收割、管理）	260 000	
	饵料	95 000	
	其他	20 000	
总利润			856 670
每 667 米^2 利润			4 557

（四）发展经验

国庆节前后青虾市场价格较高，因此根据市场行情，在 9 月底即可捕大留小提前销售部分青虾。这不但不会影响池塘中青虾整体产量，反而有助于增加存塘青虾活动空间，促进存塘青虾生长，并为部分当年放养青虾性成熟后在池塘中自然繁殖的新虾群体提供良好的生长空间，从而提高整体产量和效益。

三、安徽省芜湖贵野水产养殖有限公司稻青虾鱼共作模式

（一）基本信息

芜湖贵野水产养殖有限公司位于芜湖市芜湖县陶辛镇奚村，负责人奚贵宝。该公司 2011 年开始开展稻青虾鱼共作模式，连年取得较好的经济效益，养殖面积 43 355 米^2。2016 年作为全省示范性稻青虾鱼共作养殖基地。

（二）技术要点

1. 稻田改造与苗种投放

（1）稻田改造　稻田类型为平地，长 110 米、宽 3 米，田内四周挖沟呈环形，沟面积 1 667.5 米^2，水面宽 3.5～4.0 米，地面宽 1.5 米，沟深 0.6 米，田块面积为 2 000 米^2。进排水方便，无污染，水源水质良好，水质符合国家标准。苗种投放前挖沟修整田埂，曝晒沟底与田块，再用生石灰按每 667 米^{2}75 千克左右全沟泼洒进行消毒，后用茶籽饼每 667 米^{2}1.5 千克进行泼洒清除野杂鱼。

（2）春虾放养　经过曝晒消毒后的沟内上水经过水质培育后，于 2 月 20 日投放大小规格基本一致、活力强的春季虾苗 5 千克，放苗时沟内保持水深 1.2 米。

（3）水稻栽培　4 月 10 日进行水稻栽种，播种方式采用直播，每穴播种 8～10 粒，行距 40 厘米，株距 30 厘米，水稻品种为“嘉兴 8 号”。

（4）秋虾放养　8 月 5 日，投放规格为 1.5～2.5 厘米秋季虾苗 50 千克。

（5）鱼种放养　8月26日，投放体质健壮、活力强、规格为4厘米的鳙（花鲢）2 600尾和鲢（白鲢）50尾。

2. 田间管理

（1）虾苗放养前准备工作　春季虾苗投放前，要完成“清泥、晒塘、消毒、杀虫、上水、调水”六个步骤。

（2）水生植物栽培　环沟内栽培适量水草，主要以伊乐藻、轮叶黑藻等水生植物为主，面积不能超过沟内面积的1/3。

（3）施肥与消毒　早稻栽插完毕后，根据秧苗的长势情况，于4月10日至5月25日共施两次底肥，分别为15千克尿素、75千克复合肥。在壮苗以及烤田前，应使田沟中的水位保持在0.6米左右，其间该基地负责人于5月10日至15日用地笼捕捞青虾上市，共捕捞青虾19.5千克，收入1 400元。紧接着又是清塘（烤田）、晒塘、消毒，结束后再上水，之后施追肥尿素20千克，于5月25日投放青虾幼苗8万尾，6月20日前后为防治早稻病虫害，只用高效低毒的菌克灵喷洒一次。需要注意的是：一是在施肥之前，应先缓降田内水，让虾和鱼集中到环形沟内，再施肥；二是泼洒农药一定要用低毒高效农药，不得使用国家禁用农药。

（4）早稻收割与虾苗放养　7月中下旬早稻进入成熟期，7月20日前放水，晒干田块便于收割，于26日用收割机收割早稻，总产量1 605千克。早稻收割后及时清除稻草，以免腐烂影响水质。清除稻草后用拖拉机耕耘平整，8月1日消毒、上水、调水、培育水质，8月9日投放虾苗50千克，8月26日投放鱼种共3 100尾。

（5）饲料投喂　在饲料投喂上，虾苗放养初期用黄豆磨成豆浆进行泼洒，之后投喂颗粒饲料。饲料的种类以蛋白含量33%的青虾颗粒饲料为主，日投喂量通常视饲料种类、天气、水温、水质及青虾不同生长季节而定，灵活掌握。一般日投两次：07：00—08：00投喂一次，占日投量的1/3；17：00—18：00投喂一次，占日投量的2/3。投喂时应采用分散泼洒的方法，主要投放在沟四周及附着物上，以便于青虾均衡摄食。

（6）水质管理　水稻种植期间，水位调控应以水稻生长需求为主，其余时间可根据鱼、虾的生长要求调节水位，6—7月沟内的水深保持在1.2～1.4米为宜。适时加注新水保持田间沟内水的透明度在30厘米左右。根据天气、水温、水质变化情况可适时泼洒微生物制剂改善水质。注意观察鱼虾的活动、吃食和稻田水质变化情况，若遇异常情况应立即采取措施，把经济损失降到最低。

（三）生产投入与效益分析

1. 生产投入

（1）苗种及稻种　春季虾苗种费250元（5千克），秋季虾苗种费2 600元（50千克），花鲢和白鲢苗种费1 250元，苗种费共计4 100元，“嘉兴8号”稻种费58元（13千克）。

（2）饲料　黄豆200元（40千克），颗粒饲料6 992元（46包），饲料费共计7 192元。

（3）水电燃料及池塘租金　水电燃料费800元，塘租2 750元，共计3 550元。

（4）肥料及渔药　施底肥、追肥（35千克尿素、75千克复合肥）费用300元，渔药及水质改良、农药等费用1 450元，共计1 750元。

（5）其他费用　拖拉机代耕耘费600元，人员工资400元。

2. 养殖效益

（1）捕捞　5月青虾产量19.5千克、均价72元/千克，收入1 404元；年底成虾产量245千克、均价108元/千克，收入26 445元；春季虾苗产量100千克、均价60元/千克，收入6 000元；收获花鲢91.5千克，成活率65%，收入1 280元；白鲢收入500元；早稻总产量1 650千克、单价2.6元/千克，收入4 290元。

（2）效益　通过试验示范得出：共作模式每667米^{2}水稻产量550千克、青虾产量364.5千克、鱼产量217千克，对照田单一种植水稻每 667 米^2 产稻 500 千克（表 7-5）。

综上分析得知：3 668 米^{2}稻田总投入 17 570 元，总收入39 919 元，每 667 米^2 产值和利润分别达 7 259 元、4 049 元，其经济效益远远高于水稻单作效益（表 7-6）。

表 7-5　稻虾鱼共作种养和收获情况

品种	种养			收获		
	时间	平均规格	每 667 米^2 放养量/种植量	时间	平均规格	每 667 米^2 收获量
春季虾	2 月 20 日	3 克/尾	1.9 千克	5 月 10 日	15 克/尾	7.8 千克
秋季虾	8 月 9 日	0.2 克/尾	10 千克	11 月 21 日	20 克/尾	66 千克
鱼种	8 月 26 日	0.2 克/尾	3 100 尾	12 月 18 日	—	39.5 千克
稻	4 月 10 日	—	1.2 万株	7 月 26 日	—	550 千克

表 7-6　稻虾鱼共作经济效益

项目	类别	金额（元）	备注
成本	稻种费	58	基建成本按 10%折旧计算
	田租费	2 750	
	基建（沟、防逃、哨棚、水电等）费	800	
	化肥费	300	
	农药费	100	
	服务费（耕作、插秧、收割、管理）	600	
	苗种费	4 100	
	水产饲料费	7 192	
	水产药物费	1 350	
	劳动用工费	400	
	合计成本	17 650	
产值	总产值	39 919	
	每 667 米^2 产值	7 259	
利润	总利润	22 269	
	每 667 米^2 利润	4 049	

（四）发展经验

1. 品牌建设

水稻整个生长过程只施用一次高效低毒农药，水中残饵、虾排泄物和腐烂的水草为水稻生长提供了良好的有机肥料。生产出的稻谷、虾品质优良，稻谷可达到有机稻标准，若能申请有机品牌，能够提高稻谷价格。进一步提升稻谷、青虾、鱼的品质，构建自有品牌对于增加养殖户经济效益有很大帮助。

2. 发展机制

通过稻虾鱼共作与单纯种植水稻试验对比，在单位经济效益上可以看出，稻虾鱼共作能够促进农业与水产业有机结合，实现“一田多用、粮渔双收”。通过水生动物与水稻互利共生，有效降低青虾用药、饲料、水稻农药和化肥使用量。不仅有利于提高农产品质量安全水平、保护生态环境，还能取得较高的经济效益，是一种非常值得推广的高质高效综合种养模式。

第二节　虾塘种稻模式典型案例

一、余杭永胜水产专业合作社虾塘种稻

（一）基本信息

余杭永胜水产专业合作社位于浙江省杭州市余杭区仁和镇永胜村，现有养殖基地面积 335 公顷，主养青虾、黄颡鱼等，其中青虾养殖面积 280 公顷。该基地以浙江大学、中国水稻所、杭州市水产技术推广总站等为技术依托，较好地发挥了示范带头作用。

（二）技术要点

1. 技术要点

（1）田间工程　4 月下旬至 5 月上旬，将池塘干塘曝晒，并平整塘底，用生石灰或漂白粉全池泼洒清塘。一周后加注少量新水保持土壤湿润（经双层 60～80 目聚乙烯网过滤）。

（2）水稻种植　5 月中下旬种植水稻。在池塘四周留出宽 6～8

米的操作区作为设置地笼和投饲的区域。池塘中央塘底点播（直播），每穴2～3颗稻种。种植面积为池塘水面面积的50%左右，种植间距为50厘米×50厘米。稻秧返青后，可随稻的株高逐步提高水位，以水位不淹没心叶为准。

（3）苗种放养　7月中旬，每667米^{2}放养规格为4 000尾/千克左右的青虾苗4万～6万尾。池塘水位随稻株生长而加高，夏季高温时水深在80～90厘米，9月以后加至110～130厘米。青虾按无公害养殖的要求进行管理，水稻无需施肥、喷药等农事措施。

（4）青虾与水稻收获　9月上旬至翌年4月上旬，青虾根据市场行情适时用地笼捕大留小上市。10月中旬至11月上旬，水稻成熟后采用割取稻穗的方式进行收割。

（5）套养品种放养　11月中旬，水稻收割后，每667米^{2}放养规格0.7千克/尾以上草鱼200～250尾，少用或不用饲料。利用草鱼将池塘中的稻秆消耗掉，其他按无公害养殖的要求进行管理。翌年4月上中旬，草鱼及余下的青虾全部起捕（表7-7）。

表7-7　青虾塘种稻种养和收获情况

种养				收获		
品种	时间	平均规格	每667米^{2}放养量	时间	平均规格	每667米^{2}收获量（千克）
青虾	7月中旬	4 000尾/千克	4万～6万尾	9月上旬至翌年4月上旬	5厘米以上	162.5
稻	5月中下旬	苗高40厘米，30天秧龄	50%覆盖率，间距50厘米×50厘米，每穴2～3丛	10月中旬至11月上旬	—	162.5
草鱼	11月中旬	800克/尾	200尾	翌年4月中上旬	1 430克/尾	286.7

2. 注意事项

（1）重视种稻作用　池塘种稻能够起到净水、改底效果，水稻可以为青虾提供遮阴降温、增加栖息场所（虾蟹明显），对降低发病、改善养殖水生动物的品质（外观体色，规格增大等）效果明显。

（2）*茬口衔接*　不同养殖对象需要配套不同种养技术，茬口衔接是关键，种养技术融合是保障。

3. 技术难题及解决措施

池塘种稻模式生态环境变好，但麻雀危害严重，可采用全养殖池绷网防鸟。稻穗收割后秸秆遗留，可放养草鱼进行秸秆处理，还可增加草鱼产量。青虾塘稻谷有抽穗不齐和空壳现象，黄颡鱼塘种稻就基本没有，与池塘肥力和投饲量有一定关系，需进一步摸索解决办法。

（三）经济效益分析

成本包括池塘承包费、苗种费、饲料费、渔药费、人工费、水电费以及其他养殖过程中发生的直接或间接费用，根据当年上市销售情况，核算出总产值和利润。

一个生产周期后，青虾塘种稻模式平均每 667 米^{2}产青虾 105.8 千克、稻谷 162.5 千克（稻米 110.5 千克）、草鱼 286.7 千克；平均单价分别为 90 元/千克、35 元/千克和 12 元/千克。平均每 667 米^{2}利润 9 164 元，收益较高（表 7-8）。

表 7-8　虾塘种稻经济效益

<table>
<tr><th></th><th>项目</th><th>金额（元）</th><th>合计（元）</th><th>备注</th></tr>
<tr><td rowspan="3">收入</td><td>青虾</td><td>9 522</td><td rowspan="3">15 996</td><td rowspan="11">其他成本：稻米包装 81 元、渔用投入品 200 元、设备折旧 200 元</td></tr>
<tr><td>草鱼</td><td>3 250</td></tr>
<tr><td>稻米</td><td>3 224</td></tr>
<tr><td rowspan="7">支出</td><td>青虾种、草鱼鱼种</td><td>2 370</td><td rowspan="7">6 832</td></tr>
<tr><td>稻种</td><td>25</td></tr>
<tr><td>田租</td><td>1 000</td></tr>
<tr><td>基建（沟、防逃、哨棚、水电等）</td><td>228</td></tr>
<tr><td>工资（耕作、插秧收割、管理）</td><td>1 550</td></tr>
<tr><td>饵料</td><td>1 178</td></tr>
<tr><td>其他</td><td>481</td></tr>
<tr><td colspan="2">平均每 667 米^2 利润</td><td></td><td>9 164</td></tr>
</table>

注：田租按可租田总费用分摊计算。

（四）发展经验

1. 市场经营

青虾养殖根据市场行情，采取一次放足、捕大留小的方式，适时上市。每年 4 月水产品上市淡期，采用冬季暂养草鱼的方式增加收益。

2. 品牌建设

选择适合本地消费习惯的水稻品种，在品牌水产品如青虾、鱼干等的基础上，注册渔稻米品牌。稻米采用真空小包装。加强渔稻原生态生产和稻米品质的宣传力度，充分利用省市农展会平台进行展销，提高稻米和水产品品牌知名度和市场售价，增加收入。

3. 发展机制

以中国水稻研究所、浙江大学农业与生物技术学院、杭州市水产技术推广总站和杭州市余杭区渔业渔政管理总站等单位为技术依托，挖掘池塘种稻模式的生态价值和产品品质价值，在降低成本、提高质量、减少排放方面用数据说话。充分利用合作社合作平台，统一发放稻种、统一育秧，带头在青虾塘、黄颡鱼和白鱼塘中种植渔稻，试验、示范、总结池塘种稻技术。以全国现场观摩会为发展契机，展示企业形象，交流池塘种稻技术。以农展会为销售平台，提高稻米和水产品市场价格，增加收入。

二、嘉善县西潘荡家庭农场池塘稻青虾种养

（一）基本信息

嘉善县西潘荡家庭农场位于浙江北部嘉兴地区，农场注册资本 300 万元，占地面积 188 761 米^2，从事稻渔综合种养的主要模式是池塘稻青虾种养、池塘稻河蟹种养、池塘稻鳖种养等，其中池塘稻青虾种养面积 102 718 米^2。水稻品种是池塘专用水稻“安优渔稻 1 号”。该水稻株型高大，株高可达 1.8 米，适合在水深不超过 1.2 米的养殖池塘中种植。其茎秆粗壮，比普通稻茎粗 1～2 倍，秆皮壁厚且硬，不易倒伏；叶片大而长，生物量大，根系发达，可以高

效吸收底泥和水体中的氮磷肥，水体净化能力强。

（二）技术要点

1. 主要技术

（1）池塘工程　稻田要求田块规整，阳光水源充足，周边无污染，保水性能好。将养殖池塘四周挖深 1 米，宽 2.5 米的环沟或“十”字形沟，中间整平，环沟面积占池塘总面积的 30%～40%。环沟种植伊乐藻、轮叶黑藻。塘水深提高到 1.5 米，坡度 35°左右。池塘中间整平用于种植池塘稻。

（2）水稻栽种位置和方式　常规池塘消毒后，根据池塘面积及池塘稻覆盖面积，池塘稻栽种在池塘中部，种稻面积占池塘总面积的 40%～60%。以池塘稻代替虾塘和池塘中的水生植物。栽种方式采用育苗移栽方式进行。

（3）播种育秧和水稻移栽　每 667 $米^2$用种量为 0.25 千克。华东地区一般 5 月初播种，将池塘稻种子浸种 36 小时后进行催芽，温度控制在 25～30℃，种子露白后采用稀直播的方法进行播种育秧，每平方米苗床播刚露白的芽谷 40～50 克，边播种边盖细土，覆土 0.5 厘米，以不露籽为宜。6 月 20 日，将池塘稻种植在池塘环沟内，行株距为 80 厘米×80 厘米，每丛 1～2 株，池塘稻种植面积约占池塘面积的 60%。

（4）水稻生长管理　整个生长期间，无需施加水稻专用肥，也不喷施农药。水位随池塘稻生长而逐步提高。移栽时，池塘水深保持在 20～30 厘米。分蘖期，移栽后 5 天至虾放养前，池塘保持 30～40 厘米水层。其后，依照池塘稻的苗/株高，逐次提高水位，以水位不淹没水稻心叶为准。拔节孕穗期，盛夏拔节孕穗时，池塘水位控制在 80～90 厘米。灌浆结实期，水位控制在 1.0～1.2 米。

（5）池塘水位管理　移栽时，水位控制在 20 厘米左右。5 天后，水位逐步提高，以不淹没水稻心叶为准。直至水稻成熟期，保持水位在 90 厘米左右。此时如果水位过低，会引起倒伏，造成减产。青虾养殖期间注意水位和水质变化，及时补充增氧，保持水质良好。

（6）虾苗放养　放养购买或者捕捞的虾苗，规格 6 000 尾/千克，每 667 米^{2}放养虾苗 3 万尾。

（7）成虾养殖　投饵量控制在虾总量的 3%～5%，每天投喂两次，早晚各一次，饵料沿池塘四周均匀抛撒。早上投喂时间在 09：00 之前，占每日总量的 30%；在太阳下山之前投喂一次，占每日总量的 70%。同时，每天进行巡塘检查，查看饵料吃食情况，并酌情增减饵料投放量。

（8）水稻收获　当稻穗谷粒颖壳 95%以上变黄、籽粒变硬、稻叶逐渐发黄时，采用收割稻穗的方式收获。

（9）青虾捕捞　10 月中下旬开始，使用虾笼捕捞，捕大留小，将商品虾上市销售，小虾重放回池塘继续养殖。直至翌年 5 月，清塘捕捞完毕。

2. 产量效益

以 2016 年为例，青虾养殖面积为102 718米^2（其中池塘稻种植面积为62 031米^2），总投入 27.94 万元，其中包括池塘承包费 7 万元、苗种费 4 万元、饲料费 7.7 万元、人工费 8.47 万元、水电费 0.77 万元，平均每 667 米^{2}支出1 814元。收获稻谷36 720千克，平均每 667 米^2 238 千克；收获青虾5 335千克，平均每 667 米^{2}35 千克。总收入 68.68 万元，其中青虾收入为 53.9 万元，稻谷收入为 14.78 万元。平均每 667 米^2 收入 4 460 元，每 667 米^2 净利润2 645 元(表 7-9)。

表 7-9　青虾塘种稻经济效益

	项目	金额（元）	合计（元）
收入	青虾	539 000	686 800
	稻	147 800	
支出	塘租	70 000	279 400
	苗种费	40 000	
	饲料费	77 000	
	人工费	84 700	
	水电费	7 700	
总利润		—	407 400
每 667 米^{2}利润		—	2 645

3. 技术难题及解决措施

青虾种质容易退化，为了保持青虾品种亲本种质特性，应该及时采集野生优质虾种，补充亲虾。有条件的应尽可能开展虾种选育，以保证青虾种质的性状稳定。

（三）发展经验

1. 市场经营

一要注重规模化生产。可以通过土地流转承包的方式，进行规模化、集约化生产。如以专业合作社或家庭农场的形式发展规模经营，有利于生产成本的最小化和经济效益的最大化；二要依托互联网经济，做好、做大互联网＋现代综合种养业。

2. 品牌建设

品牌是企业的生命力和竞争力，更是一个产业的灵魂。针对自身产品的特点，树立品牌意识，大力整合现有水产品品牌。按照成立一个协会、制定一个章程、规范一个程序、统一一个标准、注册一个商标的模式，坚持行政引导、企业主体、市场运作的原则进行品牌整合和宣传。

3. 发展机制

一种新型养殖模式的示范推广，首先需要政府、科研院所、渔业和农业推广部门的通力协作，促进种养新模式的快速有效推广。一是要政策支持。政府部门应制定相应的扶持政策，鼓励养殖户的种养积极性。二是要制定相应的综合种养技术规程，来指导养殖户的生产。三是要积极做好示范推广工作。积极开展针对养殖户的技术培训和现场观摩活动，同时在各个生产关键环节对养殖户进行现场指导，及时解决生产中出现技术难题。以点带面，加快新型养殖模式的示范推广进程。

彩图 1　稻青虾共作模式一

彩图 2　稻青虾共作模式二（水稻即将成熟）

彩图 3　稻青虾共作模式三（大田育秧）

彩图 4　虾塘种稻模式一

彩图 5　虾塘种稻模式二

彩图 6　虾塘种稻模式三（虾苗放养）

彩图 7　虾塘种稻模式四（水稻拔节期）

彩图 8　虾塘种稻模式五（水稻收获）